BELLEVALLÉE

I0029810

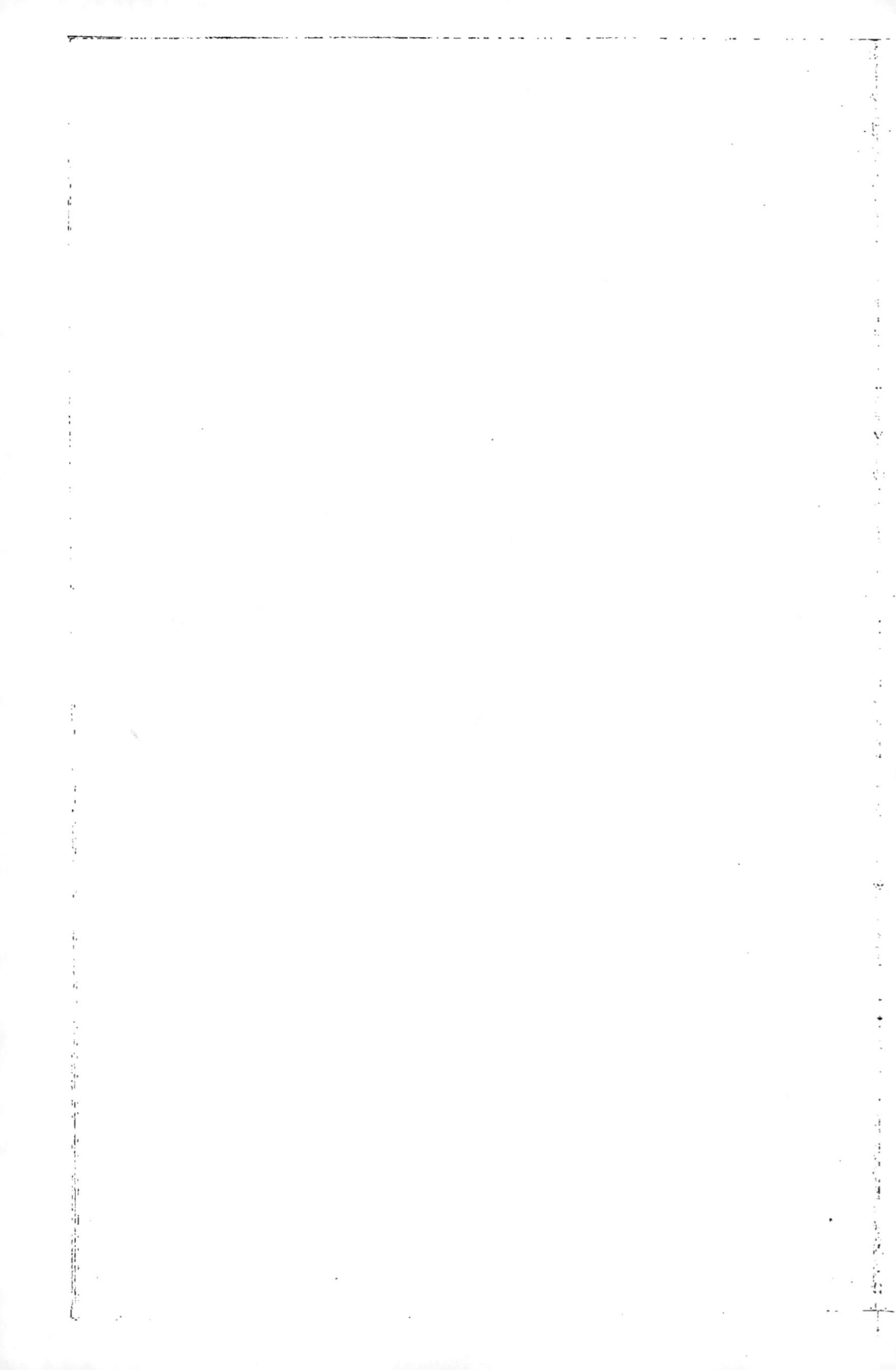

LES
EAUX DE PARIS.

RECHERCHES

sur

l'Approvisionnement Économique

DES

SERVICES PUBLICS

PAR

SEBILLOT & MAUGUIN

Ingénieurs

ANCIENS ÉLÈVES DE L'ÉCOLE CENTRALE DES ARTS ET MANUFACTURES

PARIS

LITHOGRAPHIE DEBAIS-ARNOUD, 110 BIS, RUE SAINT-ANTOINE

—

1862

LES EAUX DE PARIS

PARIS — TYPOGRAPHIE MORRIS ET Cie
Rue Amelot, 64

LES
EAUX DE PARIS.

RECHERCHES

sur

l'Approvisionnement Économique

DES

SERVICES PUBLICS

PAR

SEBILLOT & MAUGUIN

Ingénieurs

ANCIENS ÉLÈVES DE L'ÉCOLE CENTRALE DES ARTS ET MANUFACTURES

PARIS
LITHOGRAPHIE DEBAIS-ARNOUD, 110 BIS, RUE SAINT-ANTOINE
—
1862

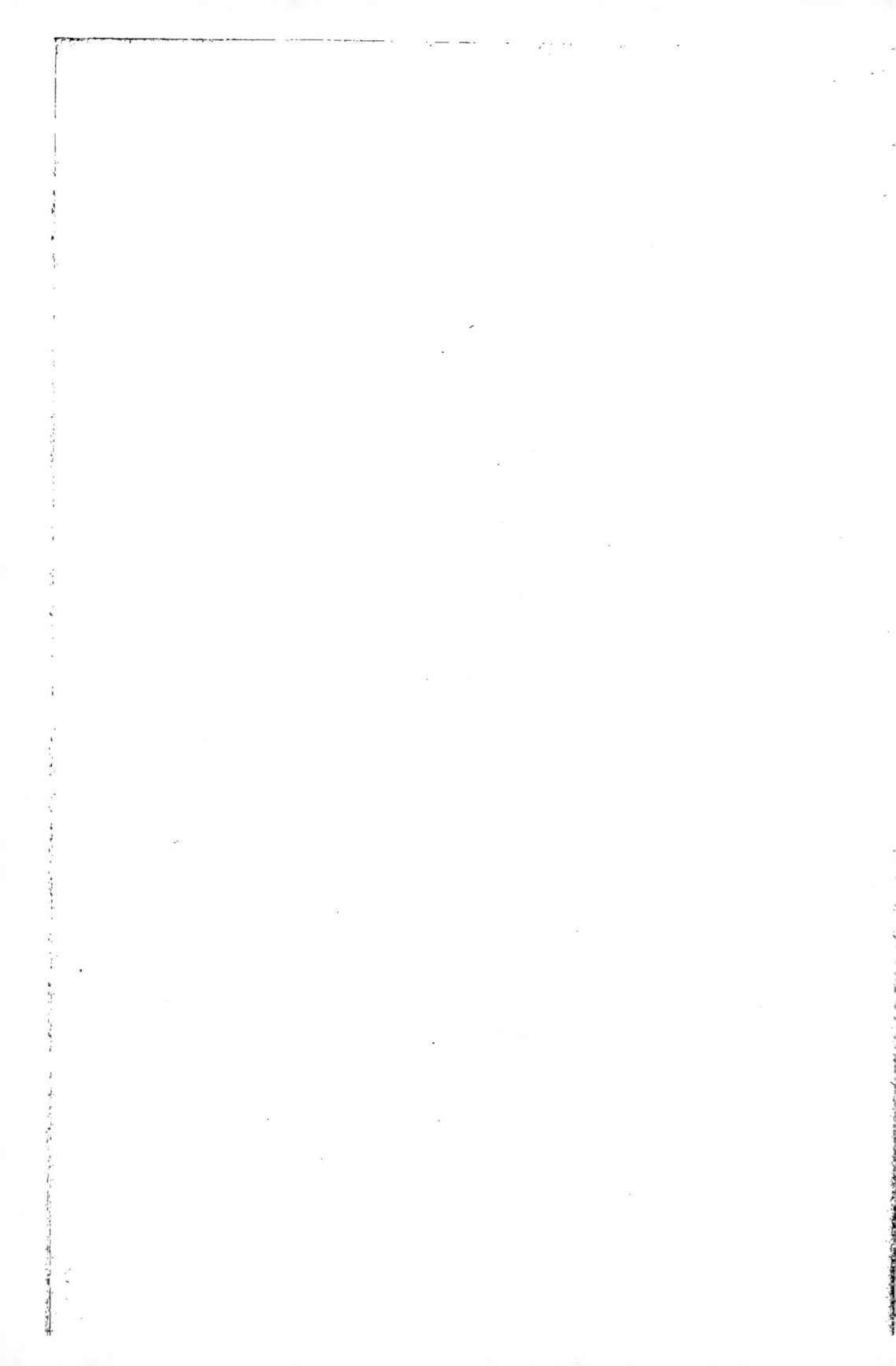

AVANT-PROPOS

Après de savantes études et de nombreuses discussions, la question des eaux de Paris est aujourd'hui à peu près définie : la voie à suivre pour arriver à une solution complète peut être facilement tracée.

Dès maintenant la question des eaux potables est résolue dans son principe : la préférence accordée aux eaux de source par les commissions d'examen et par la municipalité, conduit pour cette branche des services aux dérivations de sources par aqueducs. A cela, rien que de rationnel : les dérivations lointaines sont coûteuses, mais il s'agit de satisfaire un besoin de premier ordre, et la condition de qualité des eaux domine toutes les autres.

Les revenus du service privé indemniseront d'ailleurs la Ville de ses sacrifices, et le consommateur se préoccupera peu des quelques centimes de plus par mètre cube que lui coûteront les eaux de source, pourvu qu'il les ait pures, salubres et de température constante.

En est-il de même du service public? Là, au contraire, aucune compensation pécuniaire aux dépenses qu'il entraîne. Le service public est une charge pour la Ville, charge nécessaire, mais qu'une bonne administration doit tendre à rendre aussi légère que possible.

Il y a donc entre les deux services une différence radicale : l'économie est la première loi du service public, comme la qualité des eaux est celle du service privé.

Deux résultats aussi distincts doivent, à Paris surtout, être cherchés dans deux voies différentes : il faut séparer les approvisionnements comme on sépare les distributions.

Tel est le principe qui nous a servi de point de départ.

Laissant de côté la question des eaux potables, question résolue, nous avons cherché le moyen le plus économique de compléter l'approvisionnement des eaux du service public.

Les eaux de l'Ourcq et des sources du Nord suffisent à peu près aux besoins des quartiers bas de Paris : le service des quartiers hauts, entièrement privés d'eau, sauf le produit de quelques machines à vapeur, est tout à créer.

Quels moyens peuvent être présentés dans ce but ? Les dérivations sont réservées au service privé, et sont d'ailleurs trop coûteuses dans le cas qui nous occupe.

Emploiera-t-on la vapeur? Il suffit de rappeler les discussions auxquelles ont donné lieu les projets d'élévation à vapeur pour voir que le prix des eaux obtenues par ce moyen serait encore bien élevé.

Doit-on compter sur les puits artésiens, comme on l'a espéré de prime-abord, lorsque l'eau a jailli, en nappe abondante, du puits de Passy?

L'incertitude du débit de puits nouveaux, l'affaiblissement du volume des eaux artésiennes à mesure qu'on veut les recueillir à un niveau plus élevé, montrent combien cette ressource serait précaire.

Reste un seul moyen, le plus économique, à coup sûr, quand on peut en réunir les éléments : l'utilisation d'une force motrice hydraulique.

C'est vers cette voie que se sont portées nos recherches.

Ce moyen devait être complet, satisfaire sans le secours d'aucun auxiliaire, en tout temps, aux besoins du service.

L'avant-projet contenu dans ce Mémoire montre que ces conditions sont sûrement satisfaites.

Par la division radicale de l'approvisionnement en deux branches bien distinctes, chacun des deux services peut donc être complété par deux moyens différents.

L'eau de dérivation de la Dhuis, réservée exclusivement au service privé, fournira à tous les quartiers de Paris des eaux claires et limpides. A mesure que la consommation privée se développera, on trouvera le complément nécessaire dans des travaux du même genre, motivés dès lors par l'accroissement assuré du revenu des eaux.

L'eau de Seine, élevée par moteurs hydrauliques, pourra, dans un avenir prochain, assainir les quartiers les plus déshérités jusqu'ici.

La pensée philanthropique qui dirigeait les études de M. le Préfet de la Seine sera, croyons-nous, réalisée plus promptement, plus sûrement, plus économiquement surtout.

Tous les quartiers, participant aux mêmes charges, seront à la fois d'une manière complète et uniforme, dotés des mêmes avantages.

Nous aurons atteint notre but si nous avons pu, par nos efforts, hâter le moment où Paris sera en possession d'un service hydraulique complet, qui constitue un élément si important de l'hygiène publique et du bien-être général.

CHAPITRE PREMIER

LES EAUX DE TABLE ET LES EAUX DE VOIRIE.

————

Origine de la distribution des eaux dans Paris.

Il y a moins d'un siècle, Paris n'avait pour s'alimenter que les puits particuliers de ses maisons et le puisage direct dans la Seine ; on doit à peine compter les quelques pouces d'eau que fournissaient les sources des prés Saint-Gervais et de Belleville recueillies par Philippe-Auguste, le canal d'Arcueil, reconstruit par Henri IV, et les pompes de Notre-Dame, dues à Marie de Médicis.

La première organisation d'une distribution d'eau dans Paris fut projetée vers 1825, après une longue étude des distributions des principales villes d'Angleterre. Elle comprenait deux parties :

1° Amenée, par l'achèvement du canal de l'Ourcq, de 4,000 ᵖ d'eau (80,000ᵐᶜ par jour), destinées à l'embellissement des places et des promenades, à l'arrosement des rues et au lavage des égouts (1).

2° Élévation, par machines à vapeur, de 2,000 ᵖ d'eau de Seine (40,000 ᵐᶜ par jour), destinés à l'alimentation des habitants et aux besoins domestiques.

Ce ne fut que beaucoup plus tard que Paris fut réellement doté de cet approvisionnement ; encore n'est-il pas complet à l'heure qu'il est, et l'on se trouve obligé, par l'imperfection de notre canalisation, de laisser sans emploi une partie de ces modiques ressources; à peine atteint-on 60,000ᵐᶜ en eau de l'Ourcq ; à peine dépasse-t-on 20,000 ᵐᶜ en eau de Seine.

Du reste, ce projet de division dans les services de distribution, repris aujourd'hui par notre administration, n'a jamais été jusqu'ici mis en application ; le choix inexplicable de la prise d'eau de Seine, les conditions défectueuses dans lesquelles a pu être fait le puisage, en aval de Paris, auraient rendu inutile toute tentative de ce genre. On a laissé mêlées dans les réservoirs, mêlées dans les conduites, les eaux des deux provenances, parce qu'on ne trouvait ni dans l'une ni dans l'autre les qualités nécessaires pour satisfaire convenablement à l'une des branches du service.

On peut donc dire que jusqu'ici Paris n'a eu qu'un service d'eaux de voirie, suffisant peut-être pour la partie basse, mais qui ne peut satisfaire aux besoins des sommets même les moins élevés.

_____

(1) Genyès, *Essai sur les moyens de conduire, d'élever et de distribuer les eaux*. Introduction historique.

Nous n'avons voulu, en rappelant l'origine du service actuel
et la pensée qui avait présidé à l'ensemble du projet, que constater l'idée déjà arrêtée depuis longtemps d'une division radicale entre le service public et le service privé. Ce principe
de l'indépendance des deux services était, du reste, la base de la
distribution dans Rome ancienne, et, comme à Rome, on avait
déjà cru indispensable à Paris de diviser à la fois la distribution et l'approvisionnement.

Service actuel des eaux dans l'ancien Paris. — Le service
actuel présente, au point de vue de la voirie, des ressources
importantes qu'il est utile d'étudier.

Les changements apportés, depuis quelque années déjà, dans
l'alimentation du canal de l'Ourcq, permettent de compter aujourd'hui sur un approvisionnement plus parfait, et, si la transformation complète de l'organisation n'eût été depuis longtemps
reconnue indispensable, il est à croire que les dépenses d'un
remaniement de la canalisation n'eussent pas longtemps servi
de prétexte à l'abandon injustifiable de près de la moitié du
volume disponible des eaux de l'Ourcq.

En considérant le volume actuellement distribué, on trouve
que sa répartition sur les 1,200,000 habitants de l'ancien
Paris donne à chacun moins de 70 litres. Si, au contraire, on
veut envisager les ressources réelles, c'est-à-dire le volume
que peut recevoir quotidiennement Paris dans ses bassins, on
arrive au chiffre moyen de 110 litres par habitant.

Un pareil volume, affecté aux seuls services de la voirie et
du luxe, pourrait satisfaire, à la rigueur, à une grande partie
des besoins ; mais si l'on vient à en retrancher d'abord le volume nécessaire aux besoins privés, on le voit s'abaisser de
suite à 80 litres environ ; si l'on en déduit le volume consommé
chaque jour pour le bois de Boulogne (plus de 10,000 ^{mc}), si
de plus on tient compte de l'inégale répartition de ce qui reste
sur toute la surface de l'ancienne ville, on arrive à des résultats plus inquiétants.

En effet, les eaux de l'Ourcq, considérées comme eaux de service seulement, peuvent à peine, en raison du niveau auquel elles arrivent dans le bassin de ceinture, desservir les trois cinquièmes de la ville dans des conditions satisfaisantes : sur les deux autres cinquièmes, l'un doit renoncer à avoir des eaux jaillissantes ou des bouches d'incendie, et le dernier cinquième n'est pas atteint même au rez du sol. Les eaux de Seine elles-mêmes ne peuvent atteindre qu'une partie insignifiante du dernier cinquième.

Nous n'essayerons pas de faire ressortir tout ce qu'a d'inadmissible un pareil état de choses ; M. le Préfet de la Seine, dans ses deux premiers mémoires, a discuté aussi complétement que possible cette question, et a conclu en montrant l'urgence de l'amélioration immédiate d'une situation si critique.

Projet municipal pour la réorganisation du service dans l'ancien Paris. — A la suite d'un premier mémoire présenté, en 1854, par M. le Préfet, le Conseil municipal, frappé du danger d'un pareil état de choses, approuva la proposition d'un accroissement des ressources hydrauliques de la Ville, et décida qu'un remaniement complet du service serait préparé, comportant une augmentation de 100,000^{mc} d'eau claire, pure et fraîche.

Le second mémoire officiel, publié quatre ans plus tard, en 1858, offrit, comme solution, l'amenée dans Paris de 100,000^{mc} d'eau de source, dérivée des hauteurs de la Champagne ; on espérait, avec ces ressources, satisfaire aux exigences du service privé comme qualité et comme volume, et combler du même coup, sans travaux accessoires, le déficit du service de voirie, pour les quartiers hauts de l'ancienne ville.

Fixant à 50,000^{mc} le volume probable qui serait demandé par la consommation privée, on pouvait, avec les 50,000^{mc} restant, remplacer avantageusement, à la cote

83^m les 20,000 ^{m} que fournit aujourd'hui l'usine de Chaillot à la cote 70^m.

Les ressources nouvelles dont aurait disposé l'ancien Paris auraient donc été les suivantes :

Eau de l'Ourcq. . . . . 105,000⎫
Grenelle et sources du Nord. 3,000⎬208,000^m• ⎫ 50,000^m service privé
Eaux nouvelles. . . . . 100,000⎭   ⎩158,000^m service public.

En répartissant ces volumes sur l'ancien Paris, on arrivait aux chiffres suivants :

1° Service privé :
Par habitant. . . . . 40 litres, environ, par jour.
2° Service public :
Par habitant. . . . . 130 litres, environ, par jour.
Par mètre carré.. . . 4 litres environ.

Le volume de 130 litres par habitant, pour tous les services publics, devait satisfaire largement à tous les besoins ; peut-être aurait-il semblé bien luxueux d'obtenir un pareil bien-être par le coûteux sacrifice de 50,000^m ^{c} d'eau pure, puisée à des sources lointaines ; mais si l'on songe que ce volume devait, au jour où se seraient accrus les besoins, retourner au service privé, si l'on tient compte du minime accroissement de dépenses qu'occasionne une augmentation même importante du volume amené, dans l'établissement d'une dérivation, on reconnaîtra que ce projet remplissait à peu près toutes les conditions imposées par le double service dans l'ancienne ville.

Nous ne voulons point, du reste, discuter ici la question économique ; considéré comme source d'eau de voirie, l'aque-duc de la Somme-Soude ne supporterait même pas le plus par-tial examen ; des eaux à 0 fr. 08 et peut-être 0 fr. 10 pour laver les rues et les égouts, ce serait là une impardonnable folie. Mais nous le répétons, si l'on envisage le but énoncé de dérivation, personne ne serait venu reprocher à ce même

aqueduc de nous amener, presque sans surcroît de dépenses,
un excédant de volume qu'on aurait, faute de consommateurs,
versé pendant quelques années sur la voie publique.

Conditions nouvelles imposées par l'agrandissement de Paris.

Aujourd'hui, d'ailleurs, les conditions sont changées : l'an-
nexion des communes environnantes et l'accroissement de la
population sont venus imposer de nouvelles complications au
problème; ce n'est plus sur 1,200,000 habitants qu'il faut
baser les calculs, c'est une population de 1,600,000 individus
aujourd'hui, de 2,000,000 sans doute demain, qu'il faudra alimenter; ce n'est plus une surface de 3,700 hectares qu'il faut
laver et arroser, c'est 7,800 hectares qu'il faut assainir.

Le volume d'eau réellement distribué à l'heure qu'il est,
dans tout le nouveau Paris, donne à peine une alimentation
moyenne de 60 litres par habitant pour tous les besoins, et en
utilisant toutes les ressources approvisionnées, on arriverait à
un volume quotidien d'environ 90 litres. Rome ancienne en
avait 1,200; Rome moderne en a plus de 1,000; New-York,
plus de 500; Marseille, 470; Bordeaux, près de 200; Dijon,
peut avoir jusqu'à 600 litres.

La comparaison est plus alarmante encore si l'on tient
compte de la répartition des eaux sur la surface de Paris.

1° *Ancienne ville* {	Ourcq et sources anciennes,	108,000 ^{mc}
	Seine (Chaillot, Austerlitz),	28,000 ^{mc}
—	Soit par habitant, environ,	130 ^{litres}
2° *Nouvelle ville.* —	Seine (machines diverses),	12,000 ^{mc}
—	Soit par habitant, environ,	30 ^{litres}

On espéra un instant satisfaire à la fois aux anciens et aux
nouveaux besoins avec les 100,000 ^{mc} qu'avait demandés la
délibération municipale du 5 janvier 1855. Voyons ce qu'au-

rait pu fournir, en réalité, le projet publié sur ces données en 1858.

L'alimentation moyenne de 170 litres qu'il donnait aux habitants de l'ancien Paris se réduit à 130 litres à peine, si l'on répartit le même volume sur les vingt arrondissements de la nouvelle ville. Si de ce chiffre on déduit ce qu'exigera la consommation particulière, on voit le volume d'eau de voirie se réduire à 90 ou 95 litres par habitant, fournis deux tiers par les anciennes eaux et un tiers par les eaux de dérivation ; de telle sorte qu'au jour où les services privés demanderont un accroissement dans la distribution, on verra le service de voirie descendre au chiffre moyen de 65 ou 70 litres par habitant, ce qui représente à peine, par mètre superficiel, 1^l,35 par jour ! Ajoutons que, comme aujourd'hui, on verrait reparaître l'injuste répartition que nous avons signalée, dans des proportions plus alarmantes.

En s'obstinant dans les données du projet de 1858, on se serait donc trouvé en face d'une alimentation moyenne de 130 litres, déjà restreinte à priori ; en face d'un service de voirie incomplet dès le premier jour avec 2 litres à peine par mètre superficiel, et exposé enfin à voir s'aggraver la situation, au point de vue de l'hygiène générale, à mesure que se serait accrue la population, et, par suite, le nombre des consommateurs.

Devait-on, à ce moment, chercher des moyens pour satisfaire d'un seul coup à l'ensemble des services, ou bien, allant au plus pressé, amener d'abord, à tout prix, des eaux potables, des eaux pures seulement, et renvoyer à plus tard l'élargissement et la généralisation du service de la voirie ?

Tout ce qui s'est fait depuis deux ans, les projets, les discussions de toutes sortes, prouvent péremptoirement qu'on voulut étudier d'abord la question du service privé. On ne pouvait pas rationnellement penser au service de la voirie, quand on mettait comme condition *sine quâ non* de l'approvisionnement une pureté irréprochable, une constance de température assurée pour toute l'eau qui serait fournie. A coup sûr, s'il n'en coûtait pas davantage pour avoir 100,000 ^{mc} d'eau irréprochable que pour amener en eau pure le nécessaire seulement et le reste en eau de moindre qualité, il ne serait pas pardonnable de laisser échapper une si belle occasion.

Mais ce n'est guère le cas qui s'est présenté : il fallait aller déjà bien loin, il fallait dépenser trop de millions pour amener un volume insuffisant pour le nouveau Paris.

Fallait-il donc encore chercher, à des prix élevés, le complément de l'alimentation, et combler en eau à 0^f,08 les lacunes de notre service public? C'eût été là une imprudence qu'on n'avait pas à craindre de notre administration municipale ; le but assigné aux eaux de sources est aujourd'hui défini ; c'est à la consommation privée qu'on les destine, et nullement à nos ruisseaux et à nos égouts.

Nous verrons, du reste, en examinant les différents projets présentés, à quelle partie du service répond chacun d'eux, quelles ressources et quels avantages ils offrent à la ville de Paris.

Subdivision des besoins.

Avant d'entrer dans cette étude, il est nécessaire d'établir nettement l'importance relative des deux branches du service des eaux, laissant pour celles qui sont destinées au service privé, à la consommation de chacun, la condition impérieuse de la *qualité*, et demandant pour celles que nous voulons consacrer aux grands besoins de l'agglomération et de l'hygiéne générale l'*abondance* sur tous les points de la ville.

Dans le plus grand nombre des distributions d'eau, on a peu à se préoccuper de l'importance relative des services privé et public; la dépense qu'entraîne, pour de petits volumes, une double canalisation, un double mode d'approvisionnement, permet rarement la division des deux services, et l'on verse sur la voie publique des eaux de qualité, par économie.

Dans une distribution aussi vaste que celle de Paris, il n'en est plus de même; les difficultés et les risques que présente une canalisation d'un diamètre exagéré conduisent rationnellement à une bifurcation dans le service de la distribution; c'était, nous l'avons dit, la règle adoptée par Rome, c'est le principe que veut mettre en pratique l'édilité de Paris.

Une fois acceptée la division dans le service de distribution, il ne se présente plus aucune raison valable pour imposer aux deux approvisionnements des conditions identiques, et si l'on conserve, plus qu'avant, le droit d'être exigeant envers les eaux de consommation, il devient superflu de demander cette même perfection aux eaux de voirie. On doit donc s'appliquer à trouver, dans cette simplification des recherches, une compensation aussi complète que possible à l'augmentation de dépenses qu'impose la double canalisation.

Pour faire plus utilement la recherche de chaque espèce d'eau, nous croyons nécessaire d'étudier, une fois pour toutes, la nature et l'importance des besoins auxquels doit satisfaire chacune d'elles.

1° Volume des eaux.

Volume des eaux potables. — On ne doit point comprendre seulement sous ce nom l'eau consommée par chaque habitant pour ses besoins particuliers : il faut compter dans le volume des eaux potables les eaux consommées par certaines industries qui touchent directement à l'alimentation ; c'est ce qui explique le chiffre relativement énorme auquel on doit porter cette partie de la distribution : 30 à 40 litres par jour et par habitant semblent un minimum, et l'on devra compter sur une proportion de 60, 80 et peut-être 100 litres par tête, le jour où la distribution à domicile sera généralisée sur toute la surface de la ville ; toutefois il y aurait exagération à prendre dès aujourd'hui exemple sur Londres, en assignant à chacun un pareil volume quotidien ; il suffit de prévoir dès maintenant un accroissement notable dans la consommation privée.

Sans discuter plus longuement un sujet tant de fois exposé dans tous ses détails, nous nous contenterons de faire remarquer que, par leur destination même, le volume des eaux potables doit croître avec la population de la ville et même plus vite qu'elle, et qu'en conséquence, on ne saurait assurer assez soigneusement son développement ultérieur.

C'est là, à coup sûr, une des causes qui souvent rendent avantageuse une élévation à vapeur, susceptible d'accroissement du jour au lendemain, et qui ne consomme qu'en raison de ce qu'elle fournit.

Volume des eaux de voirie. — Dans le service de la voirie, les conditions ne sont plus les mêmes ; en effet, lorsqu'une ville est constituée définitivement, lorsqu'on ne prévoit plus de bouleversements radicaux dans le tracé de ses voies et dans l'étendue de son enceinte, un des éléments de la distribution des eaux dans cette ville se trouve sûrement défini, c'est le service de la voirie avec tous les accessoires qui s'y rattachent.

Dans une ville comme Paris, où la densité de la population atteint une effrayante proportion, il faut, aussi vite que possible, satisfaire sans mesquinerie aux exigences de l'hygiène générale ; il faut renoncer à tricher sur le débit des bornes-fontaines ; les ruisseaux doivent avoir la force de couler seuls et d'entraîner les débris qu'ils rencontrent.

Quelle que soit la pureté de l'eau versée, si le volume répandu reste minime, on n'arrivera qu'à créer, contre chaque trottoir, un bourbier incapable de donner à nos voies ni propreté ni fraîcheur.

Le lavage rationnel des égouts impose les mêmes règles :

c'est de l'eau en grand volume, et non de l'eau rigoureusement pure, soigneusement filtrée, qu'il faut leur fournir.

Les services de luxe sont dans les mêmes conditions : c'est l'abondance de l'eau qu'ils réclament. Nos fontaines monumentales doivent couler sans cesse, et non plus rester inanimées les trois quarts du jour, pour acquérir le droit de verser, durant quelques heures, le trop modeste volume qu'on leur accorde.

On cite Rome comme un modèle ; on veut *juger du degré de perfection atteint par une nation dans ses habitudes et dans ses mœurs* par la masse d'eau qu'elle a appliquée à ses besoins, par l'usage varié qu'elle en a fait ; pourquoi donc alors ne pas accepter, comme l'ancienne capitale du monde, le grand principe de la largesse dans tous les services publics, de l'abondance dans les services de luxe ?

Pour satisfaire à tant de besoins de premier ordre, quel volume doit-on assigner aux eaux de service ? Les bases fournies par les distributions des autres villes ne sont guère applicables dans le cas qui nous occupe : accepter le chiffre qui en résulte par mètre superficiel, c'est ne tenir aucun compte de la répartition des individus ; prendre pour guide le volume d'eau de voirie par habitant, c'est admettre que les besoins imposés par la salubrité sont indépendants de la densité de la population.

Sans aller chercher des exemples ailleurs, voyons ce que nous offre le service actuel des eaux, dans l'ancien Paris.

Dans son second mémoire, M. le Préfet évalue à 56,000^{mc} le volume consacré aux services publics, ce qui donne, pour l'ancienne ville :

1^l,50 par mètre superficiel, ou
46^l,60 par habitant.

Avec une si étroite alimentation, nous voyons tous les services en souffrance ; M. le Préfet apprécie que, pour satisfaire

2

convenablement aux besoins publics, il faudrait leur fournir un volume au moins double, soit donc :

3¹,00. par mètre superficiel.

Nous verrons plus loin qu'on peut, avec cette moyenne, satisfaire aux besoins prévus, en adoptant, pour certains quartiers populeux, un volume supérieur à la moyenne, sans nuire pour cela aux autres parties de la ville.

Limiter à un volume moindre les services publics, ce serait se déguiser les vrais besoins de la capitale, et renvoyer à l'avenir la solution d'une question qui touche tout entière au présent. Quand on aura levé les doutes qui peuvent résulter de l'appréhension d'une énorme dépense, quand on aura démontré qu'en adoptant sans hésiter le principe de la division de l'approvisionnement, on peut satisfaire à bon marché à toutes les exigences, alors on pourra juger plus librement de l'utilité chaque jour croissante d'un service de voirie largement approvisionné ; alors on pourra, sans mesquinerie, abreuver nos ruisseaux, et leur laisser le temps d'être utiles ; on pourra arroser, pendant l'été, nos voies desséchées et poudreuses, comme le veulent les besoins, et non pas comme l'imposent nos trop étroites ressources ; nos fontaines couleront jour et nuit, sans danger pour les autres services, et l'édilité ne se verra plus, hésitant dans le mode de décoration d'une place, forcée de refuser des eaux jaillissantes à un quartier, de peur de dépasser les limites d'un trop modeste budget.

On n'a peut-être pas osé jusqu'ici s'avouer tant de besoins, absorbé qu'on était par la recherche des eaux potables ; on ne pouvait penser à utiliser pour un tel emploi des eaux si coûteuses.

On a parlé d'une augmentation de 15,000^{mc} pour les services de voirie des quartiers hauts, c'est-à-dire qu'avec 20 ou 25,000^{mc} on serait condamné à desservir 4,000 hectares de surface, alors que, pour les 3,700 hectares de l'ancien Paris, M. le Préfet demandait, en 1858, un volume de 112,000^{mc}.

Qu'une administration timide, peu pénétrée de son rôle réformateur, moins convaincue des nécessités qu'impose le progrès, s'arrête un instant à une pareille demi-mesure, on le comprendrait à peine, mais qu'une ville comme Paris renvoie au lendemain la solution d'une difficulté, et lègue à l'avenir, même une part de ces embarras qu'elle a reçus du passé, ce serait un démenti donné à ses propres résolutions et à sa marche si rapide dans la voie du progrès.

Les communes annexées depuis peu à l'ancien Paris ont besoin, plus que leurs aînées, d'un assainissement complet et rapide ; elles n'ont, à l'heure où nous sommes, ni eau de voirie, ni arrosage, ni eau de luxe ; leur alimentation privée est défectueuse ; tout y est à créer ; il faut fournir à la consommation de ces 400,000 habitants ; il faut assainir ces 4,000 hectares, et faire participer promptement au bien-être et au luxe de l'ancien Paris ceux qui partagent désormais avec lui les lourdes charges de la rénovation commune.

Conclusion. — En conservant les bases fixées en 1858 par M. le Préfet de la Seine, lesquelles semblent en accord avec les besoins, nous aurions à demander, pour les *services de voirie*, un volume total de 208,000 ^{mc}, atteignant tous les points habités, assurant partout la propreté et la salubrité ; ce serait, en moyenne, par jour, pour nos 7,800 hectares :

2^l,650 par mètre superficiel.

Ce volume ne comprend pas le service du bois de Boulogne, désormais abondamment pourvu par l'eau artésienne de Passy.

Pour les *services privés*, les évaluations laissent à peine prévoir une consommation de 40 à 50,000 mètres cubes par jour, pendant de longues années encore ; toutefois, en face du développement si rapide de la population et des habitudes du bien-être que donne partout le progrès, il serait imprudent de ne pas prévoir, pour un avenir assez proche peut-être, un accroissement important du volume des eaux potables.

2° Qualité des eaux.

Qualités des eaux potables. — L'approvisionnement d'un grand volume d'eau potable présente toujours des difficultés ; tantôt par sa nature même l'eau ne satisfait pas aux conditions, tantôt les sels dont elle se charge dans son parcours, ou les impuretés qu'elle reçoit dans le lit qu'elle s'est tracé, la rendent impropre à la consommation.

Cette question des eaux potables a été depuis longtemps étudiée dans tous ses détails, et si, à chaque fois qu'elle s'est présentée, on a vu surgir d'interminables discussions sur les moyens à adopter pour assurer l'approvisionnement, du moins n'a-t-on jamais vu sérieusement contester les conditions qui doivent guider dans le choix d'une eau de table.

M. le Préfet résuma en trois mots ses qualités essentielles en demandant, en 1855, une eau *claire, pure et fraîche;* et la dernière *Commission d'enquête sur les eaux de Paris* cite, dans son exposé, le programme assigné, pour les eaux potables, par M. le docteur Guérard, dans sa thèse de 1852 :

« *L'eau potable doit être limpide, tempérée en hiver, fraîche en été, inodore, d'une saveur agréable ; elle doit dissoudre le savon sans grumeaux, être propre à la cuisson des légumes ; elle doit tenir en dissolution une proportion convenable d'air, d'acide carbonique et de substances minérales ; enfin, elle doit être exempte de matières organiques.* »

Examen des eaux anciennes. — Parmi les eaux que conserve le nouveau projet de distribution, y en a-t-il qui remplissent ces conditions ? Hâtons-nous de dire qu'il n'en est aucune qui réponde au programme.

Les eaux de l'Ourcq sont séléniteuses, troubles à certains moments et toujours chaudes pendant l'été ; on devrait, du reste, se souvenir qu'en décrétant leur amenée dans la ville, on n'eut en vue que le service des eaux de voirie ; l'eau de l'Ourcq n'a été appliquée qu'à tort et par nécessité aux besoins de la consommation ; elle n'a jamais été une eau de table.

Les eaux d'Arcueil arrivent à Paris limpides et fraîches ; elles sont malheureusement encore plus chargées de sulfate de chaux que celles de l'Ourcq.

Les eaux des sources du Nord, celles de Belleville en particulier, quoique également fraîches et limpides, sont moins acceptables encore comme eaux de table, à cause de l'énorme proportion de sulfates qu'elles contiennent (jusqu'à 1^g,5 par litre).

Les eaux de Grenelle ne contiennent pas de sulfates ; la proportion des autres sels dissous ne dépasse pas 0^g,15 par litre ; elles sont limpides, mais la température élevée qu'elles doivent à leur origine les prive d'une précieuse qualité.

Nous ne parlons pas des eaux de Seine puisées à Chaillot et au Gros-Caillou ; il serait superflu d'insister sur des défauts, de premier ordre sans doute, mais dépendant bien plus du lieu de puisage et du mode d'emmagasinage que de la nature même des eaux du fleuve.

Examen des eaux proposées. — On voit d'après ce qui précède qu'il ne faut pas espérer trouver dans le service actuel un seul mètre cube d'eau vraiment potable, et que, dans tout ce qui existe à l'heure qu'il est, il n'y a même pas un précédent à citer pour l'alimentation future.

Où donc trouver les 40,000 mètres cubes d'eau potable dont on a besoin de suite ? où donc espérer recueillir, le jour où elles deviendront nécessaires, de nouvelles eaux de même qualité que les premières ?

Beaucoup d'études ont été faites sur ce sujet, depuis dix années ; les recherches se sont portées sur deux de nos grands bassins : le bassin de la Seine, dont nous allons passer en revue les principales sources, et la Loire, dont la dérivation a été proposée à plusieurs reprises.

Avec les eaux du bassin de la Seine, deux modes d'approvisionnement ont été proposés :

1° La *dérivation* de sources nombreuses, réparties dans trois réseaux principaux :

Les sources de la *Somme et de la Soude* (Marne) ;

Les sources de la *Dhuis et du Surmelin* (Aisne) ;

Les sources de la *vallée de la Vanne* (Yonne).

2° L'*élévation* des eaux de la Seine puisées en amont de Paris.

Le projet de *dérivation* a été l'objet d'études nombreuses ; la pauvreté du bassin de la Seine en sources réunissant les qualités imposées a rendu le travail long et difficile ; ce n'est qu'en 1858, après quatre années d'études, qu'ont été publiées les premières recherches, et il y a un an à peine que sont connus les derniers résultats de ce remarquable travail.

Les mémoires officiels ont présenté les eaux de dérivation comme répondant à tous les besoins de Paris, sans concurrence, sans comparaison même. Examinons donc, avant tout, quels avantages peuvent offrir, pour les différents services, ces eaux lointaines et coûteuses.

Eaux de source. — Le projet de dérivation de la Somme et de la Soude réunit dans un même aqueduc les produits de plusieurs sources ; celles de la Somme, de la Soude, des ruisseaux du Mont, des Vertus et du Sourdon sont les principales. Considérées seules, la Somme et la Soude offriraient, d'après les analyses citées par M. le Préfet, une eau remarquable comme composition chimique ; le volume des matières en dissolution n'y excéderait pas 0^g,14 par litre, et ces matières seraient uniquement formées de carbonate de chaux et de chlorures avec quelques traces de silice et d'alumine ; leur degré hydrotimétrique ne dépasserait pas 15 degrés.

Les eaux auxiliaires du ruisseau de Mont sont dans les mêmes conditions.

Celles du ruisseau des Vertus sont plus chargées en sels calcaires; elles contiennent $0^g,234$ de carbonate de chaux par litre et marquent jusqu'à 23 degrés à l'hydrotimètre.

Enfin, l'eau du Sourdon, presque aussi chargée en sels solubles que la précédente, marque de 20 à 23 degrés hydrotimétriques.

En somme, le mélange de ces diverses sources donnerait une eau de bonne qualité, marquant 17 à 18°.

Le projet de dérivation de la Dhuis et du Surmelin amènerait dans Paris un moindre volume d'eau d'une qualité inférieure; toutefois son degré hydrotimétrique est indiqué comme ne dépassant pas 23°, et ces eaux ne contiennent pas de sulfate de chaux; elles pourraient donc fournir des eaux potables très-admissibles.

La dérivation des sources de la vallée de la Vanne fournirait des eaux à 20° hydrotimétriques; leur altitude, inférieure à celle des deux autres sources, en a fait différer l'emploi.

Toutes ces eaux, on le voit, satisfont aux conditions chimiques imposées, et si quelques-unes dépassent un peu la limite fixée pour la proportion des sels de chaux, ce n'est pas au point de les faire bannir d'une distribution d'eau de table.

Nous ne rappellerons point ici les objections qu'on a faites à l'aération de ces eaux, et nous leur accorderons toutes les qualités physiques désirables : limpidité assurée, pureté à l'abri de tout soupçon. Des études si remarquables, faites sous la plus habile direction, répondent trop sûrement aux objections pour qu'il puisse subsister un doute fondé sur la valeur de ces eaux, considérées comme eaux potables.

Dans les conditions annoncées, le prix de pareilles eaux, dût-il atteindre 8 et même 10 centimes le mètre cube, ne pourrait être, pour le service privé, une cause d'hésitation. En offrant au consommateur une eau irréprochable, obtenue par lui à domicile et sans embarras, on verrait chacun accepter, sans se plaindre, un prix élevé, pour les quelques litres de sa consommation journalière.

Mais il n'en serait plus de même si on les présentait comme eaux de service; ce luxe de qualités, indispensable pour l'eau de consommation, devient du superflu dans un autre ordre d'idées, et ce prix élevé, que ne repousse point une partie limitée de l'approvisionnement journalier, serait une prodigalité sans excuse pour les eaux de voirie; on ne pourrait voir sans regret verser sur la voie publique, comme la plus médiocre eau de Seine, un liquide si précieux et si chèrement acquis.

Conservons donc pour la consommation privée ces ressources si rares dans notre bassin, et limitons aux cas où elles sont vraiment nécessaires les énormes dépenses qu'entraîne un pareil approvisionnement.

Eaux de Seine. — L'élévation directe des eaux de la Seine semble, au premier abord, la véritable solution à adopter; le long usage qu'a fait Paris des eaux du fleuve, leur composition chimique vraiment heureuse, semblent plaider en faveur d'un moyen d'alimentation tout naturel et plus en rapport qu'une romaine dérivation avec les tendances générales, avec les progrès de la mécanique moderne.

Telle n'a point été cependant l'opinion des hommes éminents appelés à juger la question. Il n'est point inutile, dans tous les cas, d'examiner quelles objections on a faites à ces eaux et de quelle nature sont les causes qui les ont fait écarter.

Aucun reproche n'a été fait à la composition des eaux de la Seine; chimiquement, elles satisfont aux exigences, et leur degré hydrotimétrique les classe parmi les bonnes eaux. Après leur mélange avec les eaux de la Marne, après leur traversée dans Paris, elles ont, il est vrai, changé de nature ; mais prises en amont de la ville, elles ne contiennent qu'une faible proportion de matières solides.

Les expériences faites en 1855 par M. Peligot démontrent,

en outre, que le volume des gaz dissous y est considérable à toutes les époques de l'année.

Les eaux de notre fleuve ne remplissent malheureusement pas aussi bien les qualités physiques d'une eau potable ; leur limpidité est loin d'être parfaite, surtout en aval de Paris, et l'influence des crues, quoique moindre assurément que sur plusieurs de nos grands fleuves, rend cependant nécessaire un repos et un filtrage d'une difficulté indiscutable.

On a à reprocher en outre aux eaux de la Seine les variations trop extrêmes de leur température.

Quelle que soit, au point de vue pratique, la valeur de ces objections, il n'est pas moins hors de doute que les eaux de la Seine ne présentent pas la perfection de qualité dont on a fait le programme de la nouvelle distribution d'eaux potables.

Eaux artésiennes. — Il nous resterait à examiner la valeur d'une troisième espèce d'eaux, les *eaux artésiennes ;* mais, jusqu'à preuves plus complètes, nous conserverons des doutes sur la possibilité de faire une eau de table avec un liquide dont la température n'est que trop constante à 27 degrés centigrades au moins, et qui a besoin d'une agitation longue et coûteuse pour perdre son odeur sulfureuse et pour s'enrichir en oxygène ; nous admettons plus volontiers *qu'il n'est ni prudent ni convenable de faire le service privé de Paris en eau de cette nature.*

Quant à son application aux besoins industriels, nous serions plus portés à la croire avantageuse ; mais, comme on ne peut songer à la faire circuler dans les tuyaux avec les eaux destinées à l'alimentation privée, nous l'écarterons de la classe d'eaux que nous étudions en ce moment.

Qualités des Eaux de voirie.

Le service des eaux de voirie échappe aux sujétions imposées aux eaux potables : l'abondance et le bas prix sont ici des conditions de premier ordre, devant lesquelles doivent s'effacer les minutieuses règles de la perfection.

Le rapport de la dernière *Commission d'enquête* sur les eaux de Paris juge ainsi les besoins de la voirie :

« *Les eaux destinées aux fontaines monumentales, au lavage des rues et des égouts, aux abattoirs, à l'arrosement de la voie publique et des plantations, et aussi à l'entretien de la propreté des cours, écuries, ateliers, latrines, etc., peuvent être des eaux d'une nature qui les rendrait impropres aux usages domestiques. Il importe assez peu que ces eaux soient plus ou moins calcaires, qu'elles charrient quelquefois des limons qui les troublent, que, leur température variant comme celle de l'atmosphère, elles soient froides en hiver et chaudes en été, que, prises en aval des villes, elles aient reçu les produits des égouts et des diverses industries qui les chargent de matières organiques ; pourvu qu'elles se renouvellent assez souvent dans les réservoirs pour ne point s'altérer pendant le séjour qu'elles y font, ces eaux peuvent suffire aux divers usages dont nous venons de parler.* »

Aucune discussion n'est donc permise sur les conditions à imposer aux eaux de voirie ; nous les résumerons ainsi :

1° Qu'elles parcourent les conduites sans y laisser ni incrustations ni tubercules ;

2° Qu'elles soient peu limoneuses dans nos ruisseaux ;

3° Qu'elles ne soient jamais fétides, jamais corrompues ;

4° Qu'elles ne puissent pas s'altérer par leur séjour dans les réservoirs.

N'oublions jamais qu'à côté de ces conditions règne la loi dominante de l'économie dans les services de voirie.

Examen des eaux anciennes. — On voit facilement, d'après cela, que les eaux dont dispose actuellement Paris ne présentent aucun défaut de nature à les faire rejeter des services publics.

Les eaux de l'Ourcq et des sources anciennes sont sans doute séléniteuses, mais l'expérience a démontré qu'elles peuvent, sans danger, concourir à l'approvisionnement des services publics, surtout si on peut les mélanger avec d'autres eaux moins calcaires.

Examen des eaux proposées. — Quelles eaux devra-t-on prendre pour compléter nos services publics ?

1° Les eaux lointaines des sources de notre bassin satisfont, à coup sûr, à toutes les exigences de qualité ; satisfont-elles également bien à la grave condition d'économie ? C'est là, on ne peut le contester, la seule propriété qu'il soit impossible de leur attribuer ; et sans revenir sur leur appropriation au service privé, nous ne pensons pas qu'il soit possible de présenter, pour le service de la voirie, des eaux coûtant, aux réservoirs, 0^f,08 par mètre cube.

2° Les eaux de la Loire, puisées entre Cosne et Briare, semblent également offrir toutes les qualités demandées ; leur prix demeure toutefois assez élevé, en admettant même sans contrôle les chiffres du devis, et l'on ne pourrait espérer obtenir une alimentation de 100,000 mètres cubes à moins de 0^f,05 par mètre.

3° Les eaux artésiennes offriraient plus de qualités que n'en demande le service de la voirie, tout en étant obtenues à des prix assez bas. Malheureusement elles ne pourront jamais être, comme volume, qu'un modeste auxiliaire pour l'ensemble de la distribution.

L'altitude de leur point de déversement se maintient, si on veut conserver au puits un débit avantageux, beaucoup trop bas pour permettre leur emploi même pour la région moyenne de la ville. Elles pourront peut-être un jour fournir le complément de l'approvisionnement de la région basse, en admettant que la dangereuse solidarité qui existe entre les puits alimentés par la même nappe, ou qu'une de ces causes accidentelles trop fréquentes, ne vienne pas donner raison à de prudentes appréhensions.

4° Les eaux de la Seine, par leur voisinage, semblent bien plutôt appelées à combler les lacunes de nos services publics.

Leur degré hydrotimétrique, variable entre Port-à-l'Anglais et Saint-Denis, variable avec les niveaux de la rivière, se maintient toujours entre 15 et 20 degrés; du reste, la longue expérience qui en a été faite à Paris prouve que les eaux de la Seine n'exposent les conduites ni à des incrustations ni à des tubercules; le volume des matières en suspension demeure toujours faible ; on n'a jamais à leur reprocher ni fétidité ni corruption ; enfin le lieu de puisage n'est imposé par aucune considération spéciale, et une prise d'eau, faite même en aval de Paris, avec certaines précautions, bien entendu, ne pourra présenter, dans le cas qui nous occupe, aucune de ces causes de suspicion qui naîtraient avec raison s'il s'agissait d'un service d'eau de table; il n'est venu jusqu'ici à l'idée de personne de trouver les eaux de Chaillot défectueuses pour les services publics.

D'après cet exposé, on voit que la condition d'économie doit seule déterminer le choix, pour cette espèce d'eau, entre les sources, la Seine et la Loire.

A prix égal, autant vaudrait, et mieux peut-être, l'eau pure des sources ; quand on n'a qu'à désirer, on ne saurait rêver trop beau; mais comme il nous sera facile de démontrer, dans la suite de cette étude, la supériorité économique de l'eau de Seine, nous conclurons en proposant, pour compléter le service de voirie, l'eau de notre fleuve puisée au point le plus favorable pour une élévation économique sûre et à l'abri de tout chômage.

Résumé.

En résumant l'étude qui précède, et tenant un juste compte des divers besoins de la ville, nous voyons que le nouveau Paris, avec ses 8,000 hectares et ses 1,600,000 habitants, demande un double service de distribution :

L'un, désormais défini, n'est plus guère soumis qu'à des changements sans importance, c'est le *service de la voirie;* il doit dès aujourd'hui répondre à tous les besoins d'une aussi vaste superficie ; il faut, pour le remplir, un approvisionnement sûr et définitif d'eau ordinaire, à bas prix.

L'autre subira encore des variations ; c'est le *service des eaux potables;* il devra se développer avec le chiffre de la population qu'il doit alimenter, sans qu'on doive, dès aujourd'hui, l'exagérer en prévision d'un avenir lointain, et imposer, sans nécessité, aux consommateurs, un sacrifice hors de proportion avec leurs besoins.

Qu'on assainisse tout Paris, c'est une impérieuse nécessité, mais qu'on paye dès aujourd'hui une eau de table que boiront les Parisiens des siècles à venir, c'est une générosité au moins inutile.

Donnez à la population de Paris, au minimum, 175 litres d'eau par individu et par jour, que votre projet n'entraîne pas à des dépenses exagérées, et que des eaux de lavage ou d'ornement n'atteignent pas le prix de 0 fr. 07, et peut-être même le prix fabuleux de 0 fr. 10 le mètre cube.

Satisfaites pleinement aux besoins désormais définis et constants de la voirie ; livrez pour cet usage des eaux saines, mais à bon marché. Disposez les éléments de votre distribution nouvelle de façon à faire varier, au fur et à mesure des besoins, le volume des eaux de table ; que leur pureté soit assurée, leur qualité supérieure ; leur prix ne peut être soumis aux mêmes limites que celui des eaux de service.

Tel est le véritable programme qui doit servir de guide dans toutes les recherches, si l'on veut arriver enfin à une solution complète du problème des *eaux de Paris,* sans engager la Ville dans d'inutiles et interminables dépenses.

Nous croyons qu'en présence de l'utilité générale, en face de l'importance si capitale d'une bonne alimentation pour une ville comme Paris, toute opinion préconçue doit être écartée ; la discussion doit s'ouvrir pour tous : le concours de toutes les études n'est point de trop pour assurer le plus vite et le plus complétement l'*alimentation* et l'*assainissement* de notre capitale.

CHAPITRE II

EXAMEN DES PROJETS PRÉSENTÉS POUR L'APPROVISIONNEMENT DE PARIS.

———◆◆◆———

Le Programme municipal de 1855.
Projet de dérivation de la Loire.
Projet municipal de 1860. — *Les aqueducs de Paris.*
ÉLÉVATION MÉCANIQUE DE L'EAU DE SEINE.
Élévation par moteurs a vapeur.
Élévation par moteurs hydrauliques. — *Chutes sous barrage.* — *Chutes obtenues par dérivation.*
Résumé.

———————

Nous ne voulons pas étudier un à un les nombreux projets présentés jusqu'à présent pour assurer l'approvisionnement des eaux de Paris ; nous désirons seulement, en résumant les principes des plus intéressants d'entre eux, établir nettement l'état de la question, et montrer que ceux-là même qui offrent une solution pour une branche du service, ne peuvent répondre complétement à l'immense question de l'alimentation de Paris.

L'approvisionnement d'une ville, à moins de circonstances

particulières, demande toujours l'application de moyens arti-
ficiels et le secours de travaux spéciaux, pour se compléter
sûrement et dans des conditions satisfaisantes pour tous les
besoins.

Deux systèmes peuvent être employés pour atteindre le
but :

La *dérivation* par conduites et aqueducs ;
L'*élévation* par moyens mécaniques.

Le programme municipal de 1855.

Les deux modes ont été depuis longtemps mis en présence
pour l'alimentation de Paris ; mais ce n'est que vers 1854 que,
grâce à une puissante initiative, une impulsion nouvelle fut
donnée à l'étude de la question : M. l'ingénieur en chef Bel-
grand fut chargé d'étudier le bassin de la Seine, et de chercher,
dans les sources nombreuses qu'il renferme, le volume d'eau
nécessaire à la grande cité. On imposa à la totalité de l'approvisionnement les mêmes sujétions de qualité, on demanda la
perfection.

Ainsi posé, le problème n'était pas facile à résoudre, et il
ne fallut pas moins de quatre années d'étude pour obtenir, à
grand'peine, en quêtant un peu partout, la masse d'eau de-
mandée. Le bassin de la Seine est pauvre en sources répondant complétement aux désirs de la municipalité : les unes ne
présentent pas assez de garantie comme persistance de débit ;
les autres donnent des eaux de qualité inférieure ; le plus
grand nombre, enfin, sont à une altitude trop faible.

Lorsque parut, en 1854, l'avant-projet de dérivation des
sources de Champagne, le conseil municipal dut baser sa délibération sur les chiffres mêmes qui résultaient de cette étude ;
en conséquence, on fixa à un minimum l'altitude des réservoirs, on limita au volume énoncé comme possible dans l'a-

vant-projet la masse d'eau à verser chaque jour dans nos conduites.

La délibération du 12 janvier 1855 devrait donc être considérée plutôt comme l'interprétation spéciale du projet de
1854 que comme l'expression des besoins de la ville,
même à cette époque. Il ne restait en effet, une fois les travaux achevés, aucun moyen d'approvisionner directement les
sommets de la ville, puisqu'on limitait la distribution à la
cote 80^m,00 ; il fallait renoncer à accroître le volume de l'eau
fournie, à moins d'avoir recours à un autre travail entièrement indépendant du premier et aussi dispendieux.

Les études du bassin furent poursuivies sur ces bases pendant près de quatre années : elles donnèrent naissance à un
projet complet à certains points de vue, mais limitant toujours
forcément le produit de chacune des régions indiquées comme
lieu de provenance, à un volume bien faible relativement aux
besoins, relativement surtout aux sacrifices que demandait,
d'un seul coup, la dérivation la plus avantageuse.

Projet de dérivation de la Loire.

Tant de difficultés pour trouver, dans le bassin de la Seine,
les eaux nécessaires à Paris firent chercher ailleurs une dérivation plus vaste et moins onéreuse ; on proposa d'emprunter
à la Loire, entre Cosne et Briare et de conduire jusqu'à Paris, par un aqueduc couvert, un volume d'eau pour ainsi dire
illimité.

L'avant-projet, présenté en mai 1859, donnait les évaluations de la dépense suivant le volume dérivé ; nous ne discu-
terons point la possibilité des prix adoptés dans le devis, et
nous nous contenterons de faire remarquer que le prix du
mètre cube, tel qu'il résulte de la seule répartition sur le
volume total, des intérêts du capital d'établissement, varie entre 0^f,021 et 0^f,041 , selon qu'on dérive 500,000 $^{m\,c}$

ou seulement 100,000 ^{mc} par jour. Si à ces prix on ajoute les frais d'entretien et de réparations, si on exige d'une dérivation de 175 kilomètres, unique base de l'alimentation de Paris, les travaux de garantie qu'on a sagement cru devoir imposer à d'autres dérivations, si on relève quelques-uns des prix élémentaires, et si l'on tient compte de tout l'imprévu d'un pareil travail, on arrivera bien vite à un prix de revient de l'eau notablement supérieur.

En admettant même qu'un emprunt de 100 ou 200,000 ^{mc} d'eau, fait à la haute Loire, ne soit pas une cause de sérieuse opposition de la part des riverains et de la navigation, on doit se demander quelle destination pouvait être assignée à ces eaux, une fois amenées dans les réservoirs de Paris.

Comme eaux potables, elles présentent une pureté chimique peut-être exagérée, en même temps qu'elles réclament, plus que les eaux de notre Seine, une filtration constante que la nature des rives du fleuve rend, paraît-il, d'une exécution difficile.

Le prix de 0^f,07 ou même 0^f,08 le mètre cube, auquel conduirait certainement cet immense travail, ne saurait être, pour le service privé, un motif d'exclusion. Il n'en saurait être de même pour les services publics; comme eau de voirie, c'est là un défaut de premier ordre, suffisant, à notre sens, pour faire écarter une semblable solution.

Projet municipal de 1860.

M. le Préfet de la Seine, en faisant compléter les études de notre bassin, attira de nouveau vers le premier réseau de dérivations l'attention des administrateurs de la ville.

En poursuivant le même ordre d'idées, on subdivisait les travaux d'approvisionnement en plusieurs parties dont l'exécution était annoncée comme devant s'échelonner, en trois périodes distinctes, [sur un nombre d'années plus considérable.

Voici comment se résume le dernier projet :

La Ville entend commencer ses travaux par l'aqueduc spécial venant des vallées de la Dhuis et du Surmelin, qui doit amener 40,000 mètres cubes d'eau en vingt-quatre heures, dans un réservoir principal, au-dessus de Belleville, à 108 mètres du niveau de la mer, soit à 82 mètres de l'étiage de la Seine.

L'aqueduc venant des vallées de la Somme et de la Soude donnera ensuite un nouvel approvisionnement de 60,000 mètres cubes d'eau à l'altitude de 83ᵐ,50 au-dessus du niveau de la mer, soit de 57ᵐ,50 au-dessus de l'étiage de la Seine, qui suffit pour desservir tous les étages des maisons des quartiers même les plus élevés de l'ancien Paris. Un tel complément peut satisfaire pendant de longues années à tous les besoins. Néanmoins, dans sa prévoyance, la ville a voulu mettre l'avenir à l'abri des embarras que le passé a légués au présent, et elle a acquis dans la vallée de la Vanne (Yonne) des sources pouvant donner 70,000 mètres cubes d'eau à une hauteur suffisante pour le service des quartiers bas de Paris.

Remarquons, dès à présent, que ce programme n'est que le développement des données fournies, dès 1858, pour l'ancien Paris; il n'y a de changé que l'ordre et la manière dont on entend utiliser les différentes sources. On voulait, en 1858, dériver d'abord la Somme et la Soude, parce qu'elles présentaient plus de perfection dans la nature de leurs eaux; puis on pensait, comme complément, y rattacher les sources de la Dhuis et du Surmelin. Aujourd'hui on tient moins à cette limite hydrotimétrique fixée d'abord à 18 degrés pour de bonnes eaux, à 21 degrés pour des eaux acceptables.

Lorsque fut proposée la dérivation de la Somme-Soude, bien des objections furent faites à cette idée ; les unes s'appuyaient sur des considérations purement locales: telles étaient l'insuffisance de ces sources, soutenue par M. l'ingénieur en chef Dugué, et l'opposition des populations de la vallée refusan de céder le seul élément de production dont elles jouissent.

D'autres objections s'adressaient aux sources en général ; on essaya de mettre le Conseil municipal en garde contre la mobilité du débit des sources, contre les variations de qualité qu'engendraient les variations atmosphériques.

L'incertitude du débit d'une source a une importance d'autant plus grande que le nombre des dérivations est plus limité. Rome avait trouvé le seul remède possible à un aussi grave inconvénient, en groupant sur ses sommets les eaux de huit ou dix sources différentes, et déjà, du reste, nous voyons la municipalité de Paris, élargissant peu à peu les bases de son projet, attendre aujourd'hui de trois sources séparées une invariabilité suffisante dans l'alimentation. Prenons bien garde que, l'un devant compléter l'autre, nous ne soyons amenés bientôt à avoir, nous aussi, huit ou dix aqueducs, rayonnant autour de Paris ; il n'y aura de romain, dans ce désastreux moyen, que l'argent qu'on aura dépensé ; car nous ne nous abuserons jamais, il faut le croire, jusqu'à comparer les 40,000 mètres cubes de la *Dhuis*, les 60,000 mètres cubes de la *Somme-Soude,* ou les 70,000 mètres de la *Vanne,* aux 260,000 mètres cubes amenés chaque jour par l'*Anio Vetus,* aux 280,000 de l'*Eau Martia,* aux 270,000 de l'*Eau Claudia,* ou aux 280,000 de l'*Anio Junior.* Il n'y aura de comparaison possible qu'entre le développement de nos aqueducs remplis d'une eau endormie, et le tracé si rapide de ces aqueducs romains où l'on n'avait nul besoin d'économiser si pauvrement la pente.

L'administration municipale a trop de preuves de la supériorité des eaux de source comme eaux potables, le rapport de la dernière Commission est trop précis dans ses conclusions pour qu'il soit possible de réveiller une discussion désormais tarie ; mais les causes mêmes qui ont déterminé l'édilité au choix des eaux de source sont la preuve irréfutable des limites qu'on a voulu imposer à leur emploi, et nous croyons que, moins que tout autre, l'auteur du projet pourrait admettre l'application à la voirie d'eaux si pures, si saines, si limpides, mais aussi si rares et si coûteuses.

Ne doit-il pas, d'ailleurs, y avoir, dans toute dérivation, une relation déterminée entre la longueur de l'aqueduc, sa pente et le volume d'eau amené? cn ne peut admettre que, quelle que soit la proportion entre ces éléments, une dérivation demeure, quand même, avantageuse, à moins de causes spéciales comme celles que peut créer un service d'eaux potables.

Les aqueducs de Paris. — Nous avons réuni dans un tableau les débits et les longueurs des aqueducs de Rome et de ceux qu'on propose pour Paris, et nous avons mis en regard de chacun le rapport entre ces deux nombres ; c'est, pour ainsi dire, le volume d'eau débité chaque jour par kilomètre de longueur d'aqueduc.

DÉSIGNATION des villes.	DÉSIGNATION DES DÉRIVATIONS.	LONGUEUR de l'aqueduc en kilomètres.	DÉBIT quotidien de l'aqueduc en mètres cubes	RAPPORT entre le débit et la longueur
		k. m.	m. c.	
Rome....	Eau vierge....................	23	150,000	6,500
	Tépula et Julia..............	23	99,000	4,300
	Appia et Augusta.............	26	109,000	4,200
	Anio vetus...................	64	263,000	4,100
	Claudia......................	69	276,000	4,000
	Anio junior..................	87	284,000	3,200
	Marcia.......................	92	281,000	3,050
	Alsietina et Augusta.........	34	23,500	690
	Moyenne......	418	1,485,500	3,550
Paris....	Dérivation de la Somme-Soude.. (Projet de 1858.)	252	100,000	400
	Dérivation de la Loire. (1859.) Débit maximum..........	175	500,000	2,850
	Débit minimum...........	175	100,000	570
	Projet de 1861. Dhuis et Surmelin........	139	40 000	280
	Somme et Soude...........	252	60,000	240

On peut se rendre compte, d'après ce tableau, de ce que sont nos imitations romaines ; chaque kilomètre d'aqueduc, à Rome, correspondait, en moyenne, à 3,550 mètres cubes d'eau ; chaque kilomètre, à Paris, va correspondre à 255 mètres cubes !

Ces chiffres, nous le savons, sont dominés, pour le service privé, par des causes autrement capitales ; mais ils n'en ont que plus de force, dès qu'on veut demander à une dérivation, la solution de la question des eaux de voirie.

On n'a certainement pas songé aux services publics dès qu'on a vu de pareils chiffres : on a voulu satisfaire avec perfection, quoi qu'il en coûte, aux besoins de la consommation privée, et non pas entourer Paris de 500,000 mètres de canaux pour amener un peu d'eau dans les égouts de la ville ; on n'aurait pas voulu qu'il semblât aux générations futures que Paris ait recherché des kilomètres d'aqueducs plutôt que des mètres cubes d'eau.

Ajoutons à ce développement de nos futures dérivations le manque de hauteur des sources, les pentes si minimes et les sections si vastes qui en résultent pour les aqueducs. Rome avait pu donner à ses canaux une pente moyenne de 2^m 00 par kilomètre ; Paris ne peut leur offrir que 0^m, 10 : les eaux de Rome accouraient en quelques heures de leurs sources aux collines de la ville ; Paris leur accorde plusieurs jours. Aussi que de dépenses pour assurer l'écoulement de si faibles volumes ! que de précautions nécessaires pour essayer de conserver pureté et fraîcheur à ces eaux ! Il faut leur offrir un vaste débouché, il faut les clore, les enfouir dans le sol sur presque tout leur parcours.

Sont-ce là des sujétions compatibles avec les besoins de la voirie ? évidemment non. On doit amener dans Paris, même au prix de lourds efforts, les eaux potables que réclame le consommateur ; mais on ne peut aller demander à des sources si malheureusement situées l'eau que réclament les services publics dans les quartiers hauts de l'ancienne ville et dans les nouvelles communes tout entières. Aussi avons-nous vu l'administration limiter prudemment au seul aqueduc de la Dhuis le travail urgent ; on suffira longtemps encore aux besoins privés avec ces 40,000 mètres cubes, et il sera toujours temps d'utiliser les ressources que pourront offrir les eaux de la Champagne, lorsque, la consommation croissant, les revenus justifieront un plus vaste approvisionnement.

Voyons, du reste, quels peuvent être les avantages comparés des trois dérivations proposées :

La dérivation de la Dhuis et du Surmelin, présentée comme la première partie du travail, n'offre pas des eaux à bas prix (18 à 20 millions pour obtenir 40,000 mètres cubes par jour) ; mais elle a l'avantage de ne donner qu'une dépense et un volume d'eau qui ne sont point en désaccord avec les besoins du seul service qui puisse payer si cher l'eau qu'il consomme. Si ces eaux réunissent bien toutes les qualités d'une bonne eau de table, l'on ne pourra faire à leur prix aucune objection.

Quant à la dérivation de la Somme-Soude, il est difficile de la juger de même, et malgré la réduction de son débit quotidien, nous craignons plus qu'avant, peut-être, en face de ces 250 kilomètres de travaux, qu'on n'en vienne à payer un prix bien élevé ces 60,000 nouveaux mètres.

Comme les premiers, ils ne pourraient être rationnellement acceptés que par le service privé ; il est donc sage d'attendre, pour les amener, que cet accroissement d'approvisionnement soit motivé par un accroissement réel de la consommation ; on ne peut aujourd'hui, au moment où ce sont les eaux de voirie, les eaux à bon marché qui vont faire défaut, se résigner à une dépense de 30 millions pour donner 60,000 mètres cubes d'eau à la voirie.

Nous ne dirons rien de la dérivation des sources de la vallée de la Vanne : les documents publiés à ce sujet ne sont point encore complets; nous émettrons toutefois un doute sur l'utilisation possible de ces eaux.

Serait-ce une eau de table? mais alors il semble utile d'attendre que ses sœurs de la Somme-Soude et de la Dhuis ne puissent plus suffire aux besoins de la consommation; il faut décider auparavant les Parisiens à absorber les 100,000 mètres cubes déjà préparés.

Voudrait-on en faire une eau de voirie? Son altitude, trop voisine de celle du canal de l'Ourcq, ne lui permet pas d'atteindre les quartiers qui manquent le plus d'eau ordinaire; et d'ailleurs son prix l'écarte, sans discussion, d'un tel emploi.

En résumé, que peut-on attendre de dérivations établies forcément dans des conditions si difficiles?

On ne veut pas demander aux sources la solution complète de la question :

Les services publics les repoussent à cause de leur prix ; le service privé seul peut, jusqu'à la satisfaction de ses besoins, s'accommoder de leurs produits.

ÉLÉVATION MÉCANIQUE DE L'EAU DE SEINE.

Examinons maintenant ce que nous pouvons attendre de l'autre système d'approvisionnement, de l'*élévation par moyens mécaniques*.

Les seules forces utilisables pour une élévation d'eau sont l'eau et la vapeur.

Nous reviendrons plus loin sur les ressources qu'on peut espérer d'une force hydraulique ; voyons d'abord quel parti on a proposé de tirer de la vapeur.

Élévation par moteurs à vapeur.

Plusieurs projets ont été présentés dans ces dernières années; tous ont pris pour point de départ l'obligation qui résulte de l'arrêté municipal de 1855, d'approvisionner d'une seule fois et uniformément tous les services de la ville ; il a fallu créer 100,000 mètres cubes de cette eau pure, claire et fraîche ; il a fallu grouper ensemble, pour la totalité de ce volume, bassins, filtres, galeries, pompes et machines, et confier à une seule installation tout l'approvisionnement de notre capitale.

Les difficultés étaient donc toujours aussi grandes que pour les dérivations ; nous avons vu cependant plusieurs ingénieurs des plus éminents aborder la question et offrir des solutions qui méritaient le plus sérieux examen.

On proposait de créer, sur les bords de la Seine, en amont du confluent de la Marne, vers Port-à-l'Anglais, une vaste usine à vapeur, aspirant l'eau de la Seine préalablement déposée et filtrée, et la refoulant dans des conduites en fonte jusqu'aux réservoirs de tête.

Les devis, établis sur des bases qui semblent en accord avec les précédents les plus satisfaisants, s'élevaient, comme premier établissement, au chiffre de 15 millions environ ; la dépense annuelle pour l'amortissement, l'entretien et l'alimentation des machines et du matériel était évaluée à 1,500,000 francs environ, de telle sorte qu'on aurait eu, aux réservoirs, 100,000 mètres cubes d'eau filtrée par vingt-quatre heures, à un prix inférieur à 0^f,05 le mètre.

Un semblable résultat donnait au projet d'élévation par la vapeur un avantage incontestable sur le projet municipal, en admettant qu'il satisfît également bien aux conditions fondamentales.

Considérée au point de vue de chacun des services isolément, l'élévation à vapeur résout imparfaitement la question.

Comme solution des besoins du service privé, la Commission d'enquête s'est prononcée contre les eaux de la Seine, en se fondant sur les difficultés du filtrage en grand et sur les variations de température de l'eau de rivière.

Comme solution des besoins du service de voirie, la vapeur crée pour le budget une dépense annuelle qui n'est en accord ni avec la sûreté ni avec l'indépendance du service public ; elle offre en outre des eaux à un prix élevé relativement à la nature des besoins à satisfaire.

Le projet d'élévation à vapeur fournit donc une sorte de solution intermédiaire entre les exigences des deux services : pas assez de perfection dans le résultat pour l'un, trop de dépenses pour l'autre.

Telles sont les causes qui ont pu donner naissance à l'opposition absolue faite aux élévations à vapeur ; il n'y a là aucune objection qui s'attaque directement au système en lui-même, et la difficulté réside en grande partie, dans des imperfections étrangères aux moteurs à vapeur.

Les mémoires officiels ont insisté sur des griefs d'un autre ordre ; on a peu discuté le prix du mètre cube d'eau, et l'on s'est trop hâté, peut-être, d'avancer, dès le principe, que, même pour le cas de dérivations plus coûteuses de la couche jurassique, *le prix de revient de chaque mètre cube dérivé n'excéderait jamais celui de chaque mètre cube monté à une altitude égale au moyen de machines élévatoires.*

Ce qu'on a surtout attaqué, c'est le mode d'élévation ; ce qu'on a combattu, c'est l'appropriation à un service régulier des moteurs à vapeur.

On a de la peine à s'expliquer cette hostilité contre l'emploi de la vapeur, et à accepter la condamnation portée contre cette *création compliquée du génie de l'homme.*

Tout en admettant que les machines de Chaillot aient donné jusqu'ici de tristes résultats, ne doit-on pas distinguer entre un reproche qui ne s'adresse même pas à un système, mais bien seulement à un ouvrage, et un reproche qui attaquerait véritablement un principe ?

Du reste, tout en faisant la part des doutes qu'ont dû éveiller les accidents répétés de Chaillot, la Commission des eaux,

présidée par M. Dumas, concluait naguère en trouvant la ré-
probation jetée sur les machines par M. le Préfet *un peu absolue, non qu'elle conteste les faits malheureusement trop vrais
sur lesquels elle se fonde, mais parce qu'elle les apprécie dif-
féremment.*

En suivant les données du programme municipal, les objections à faire aux élévations à vapeur peuvent se résumer ainsi :

Comme application au service privé, nous avons vu que la
qualité de l'eau qu'elles peuvent fournir est condamnée.

Comme application aux services publics, elles présentent
assurément, comme prix de revient, un avantage sur les dérivations ; mais elles entraînent avec elles tous les inconvénients
d'une gigantesque machinerie, dont le fonctionnement doit
être permanent et invariable. Le prix de 0^f,05 le mètre cube,
auquel elles pourront donner, aujourd'hui, l'eau de voirie, est
d'ailleurs déjà élevé et ne peut que tendre à s'accroître ; le budget du service des eaux resterait, à perpétuité, soumis à toutes
les variations du cours de la houille ; ce sont là des sujétions
incompatibles avec la régularité dont a besoin un de nos
grands services publics.

Élévation par moteurs hydrauliques.

Nous venons d'étudier successivement l'approvisionnement
des eaux par dérivations et l'approvisionnement par machines
élévatoires à vapeur.

Comme qualité de l'eau ou comme moyen d'approvisionnement, le premier système nous offre :

Des eaux de voirie beaucoup trop chères,

Des eaux de table acceptables.

Le second système

Ne peut donner les eaux de voirie,

Offre des eaux potables d'une qualité condamnée.

Ni l'un ni l'autre ne peuvent donc résoudre d'une manière satisfaisante l'ensemble de la question ; la vapeur effraye les esprits, la dérivation effraye le budget.

Examinons maintenant quel parti on a proposé de tirer du troisième système, de l'élévation par moteurs hydrauliques.

Dans la création d'une force hydraulique, deux éléments sont en présence pour fournir solidairement le travail demandé : le volume d'eau à dépenser et la hauteur de chute de ce volume.

Lorsqu'on se trouve en présence d'un grand fleuve, le premier élément est tout trouvé, dans certaines limites, bien entendu. Pour créer le second, divers moyens se présentent tout d'abord :

Le premier, qui semble le plus naturel, consiste à construire sur le cours même de la rivière, des barrages fixes ou mobiles suivant le régime du cours d'eau, et à profiter de la surélévation ainsi créée du bief d'amont sur le bief d'aval pour établir une chute.

Le second, moins simple, consiste à dériver la rivière en un point favorable de son cours, pour la conduire plus directement que ne le fait son lit naturel, au moyen d'un canal ou d'une simple rigole, en un point inférieur de son parcours ; on profite ainsi de la différence de niveau entre l'origine et l'embouchure de la dérivation pour créer, en un point du canal, une chute presque égale à cette différence.

Chutes sous barrages. — Le premier moyen a servi de point de départ à plusieurs projets énumérés, dans leur ensemble, dans le second mémoire de M. le Préfet de la Seine.

L'un consistait à créer, par un barrage en Seine, une chute de 3 à 4 mètres au-dessus de l'étiage ; un autre réduisait, pour éviter l'inondation continue des bas ports d'amont, la chute à 1^m,20 ; il faisait passer, dans le petit bras de la Seine, du côté de la Monnaie, un volume d'eau de 50 mètres cubes par seconde, en étiage ; un troisième demandait la simple utilisation du barrage de la Monnaie, tel qu'il est établi.

Outre leurs inconvénients particuliers, ces projets reposent tous sur un principe incompatible avec les besoins d'une ville ; le service de la distribution des eaux ne peut souffrir aucune irrégularité, aucune interruption, et il a été malheureusement trop démontré qu'on ne peut guère remédier aux causes naturelles des variations de chutes sous barrages, qu'on ne peut même, sans grands dangers, empêcher la suppression momentanée de la force motrice, dès qu'une crue vient à trop relever le niveau des eaux. Ce sont là des inconvénients inhérents aux chutes créées en pleine rivière ; le manque de régularité qui en résulte restera toujours, quoi qu'on fasse, une objection irréfutable, pour un service comme celui d'une distribution d'eaux.

Malgré ces difficultés et ces objections si fondées, nous avons vu, il y a peu de mois encore, l'idée de barrages en Seine reprise avec persistance et présentée une fois de plus comme une solution des plus avantageuses. Il est malheureux qu'on n'ait pas songé à donner en même temps le moyen d'assurer à la Seine une suffisante uniformité de régime.

Toute solution fondée sur l'établissement d'une chute en rivière demeure, quoi qu'on dise, incomplète ; elle crée, par ses variations et ses irrégularités irrémédiables, des sujétions de toute sorte, soit que l'on demande à des réservoirs un rétablissement de l'équilibre dans la distribution, soit qu'on emprunte à la vapeur un auxiliaire indispensable.

Il est aisé de répéter sans cesse qu'il est fâcheux de laisser ainsi couler la Seine sans lui prendre les 3 ou 4,000 chevaux de force toute faite qu'elle roule avec elle ; il est aisé de demander aujourd'hui qu'on creuse son lit par ici, demain qu'on relève son niveau par là ; en un jour de hautes eaux, la Seine, comprenant mal nos besoins, aura vite renversé ce bel édifice et nivelé son lit comme le veut sa pente naturelle, en même temps qu'elle cessera tout d'un coup d'alimenter nos réservoirs, et cela au moment où on devrait si bien, à en croire certains calculs, recueillir 8 à 10,000 chevaux de force gratuite.

N'avons-nous pas, du reste, tout près de Paris, un frappant exemple de tous ces inconvénients, et ne voyons-nous pas cet établissement de Marly, si grandiose et si économique, chômer, par excès d'eau, quinze ou vingt jours par an en moyenne, et refuser, faute de chute, pendant des mois, aux réservoirs supérieurs, le quart, la moitié, les trois quarts de l'eau qu'il leur devrait.

Ne demandons donc pas aux barrages ce qu'ils ne peuvent pas donner, et, sans contester les services économiques que peuvent en attendre certaines industries, n'essayons pas de leur attribúer la seule qualité qu'ils n'aient pas, la constance de leur chute.

Une force aussi essentiellement variable ne peut fournir, selon l'expression de M. Dumas, qu'un *intéressant auxiliaire :* elle ne peut être la base d'un service régulier.

Ce qu'il faut, pour l'un comme pour l'autre des deux services de Paris, c'est un mode d'alimentation sûr, constant, n'ayant jamais besoin d'emprunter à d'autres systèmes la puissance qui lui fait défaut.

Chutes obtenues par dérivation. — Examinons maintenant le second moyen de créer une chute, la dérivation.

La Seine en amont de Paris offre un cours trop régulier pour qu'on ait pu songer à y trouver l'application de ce système. A son arrivée dans la ville, nous la voyons faire un large détour, entre Port-à-l'Anglais et Boulogne, pour se perdre plus loin en d'interminables méandres. Cette première inflexion de notre fleuve a donné lieu, il y a quelques années, à un projet plus gigantesque, à coup sûr, que toutes les œuvres romaines ; M. le Préfet cite, dans une note, le rapport fait à ce sujet par M. l'ingénieur en chef Michal.

L'auteur du projet proposait de conduire, par un canal de

dérivation, les eaux de la Seine d'Ivry à Grenelle. En profi-
tant de la différence de longueur entre le parcours direct, sous
les quartiers de la rive gauche, et le développement du circuit
naturel du fleuve, et en ménageant convenablement la pente
du canal, on pourrait obtenir ainsi une chute de $1^m,90$, utili-
sable pour la création d'une force motrice ; le volume d'eau
à emprunter à la rivière pour élever aux réservoirs les 100,000
mètres cubes quotidiens, aurait été voisin de 55 mètres cubes par
seconde ; c'est à peu près ce que débite la Seine à certaines
époques.

Si, en outre, on considère les difficultés d'exécution d'une
pareille dérivation de plus de 12,000 mètres de longueur, creu-
sée presque entièrement en tunnel, sous Paris, offrant une section utile de plus de 40 mètres de largeur, et devant permettre
les variations de niveau les plus extrêmes, on s'explique facilement le peu d'attention donnée à une aussi chimérique con-
ception.

Nous ne croyons pas que d'autres projets aient été présentés,
pour créer, par dérivation, une chute d'eau en Seine ; on ne
peut, dans tous les cas, considérer ce premier projet comme
une tentative discutable ; d'un autre côté, le programme même
qu'il a fallu suivre jusqu'ici a empêché de chercher en aval
de Paris, la force motrice dont on avait besoin. L'eau de Seine,
après sa traversée dans la ville, était, de l'avis de tous, inap-
plicable aux services privés.

Résumé.

En résumé, les moteurs hydrauliques n'ont pu offrir, jusqu'à cette heure, aucune solution admissible.

La création de chute par barrage en rivière est soumise à
trop de variations désastreuses ; la création de chute par dérivation n'a pu donner, dans les conditions anciennes, aucun
résultat vraiment pratique.

Ces divers projets cherchaient, eux aussi, à satisfaire à tous les besoins à la fois : les eaux qu'ils pouvaient élever sont, comme qualité, sous le coup des dernières conclusions officielles, tandis qu'elles manquent, comme volume, de la régularité et de l'économie dont ont besoin nos services de voirie.

Doit-on, d'après ces précédents, écarter sans nouvelles recherches, tout projet d'utilisation des machines élévatoires hydrauliques, et faut-il, renonçant au bénéfice d'une force gratuite, revenir aux systèmes précédemment appréciés ?

Devons-nous accepter ou les 1,500 chevaux vapeur qui sont nécessaires pour les deux services, ou les trois dérivations, avec leurs 600 kilomètres d'aqueduc, avec les chances de variation de leurs débits, avec les 70 millions qu'elles réclament, pour amener dans nos réservoirs peut-être 170,000 mètres cubes ?

Ou bien, ne devons-nous pas plutôt, après la certitude acquise de tant de risques et de tant de difficultés, revenir à un plus rationnel principe, dégager la question des embarras dont l'entrave un programme mal tracé, et rechercher si, par une sage subdivision de l'approvisionnement, on ne peut arriver à une solution plus prompte, plus économique, aussi grandiose, aussi sûre ?

CHAPITRE III

SÉPARATION DU SERVICE PRIVÉ ET DU SERVICE PUBLIC.
ÉLÉVATION DES EAUX DE VOIRIE

Nécessité de séparer les approvisionnements des deux services hydrauliques.

L'examen que nous venons de faire des projets présentés jusqu'ici pour résoudre la question de l'approvisionnement des eaux de Paris met en évidence l'idée dominante de toutes ces

4

combinaisons : amener d'un seul coup, dans les mêmes réservoirs tout le volume d'eau nécessaire à tous les services ; ce fut le principe qu'établit l'arrêté municipal de 1855 ; ce fut celui des premiers projets de dérivation des eaux des sources comme des eaux de la Loire ; ce fut la loi que s'imposèrent les auteurs des projets d'élévation par la vapeur ou par moteurs hydrauliques ; toujours on chercha à satisfaire ensemble au service privé et au service public.

En présence des 100,000 mètres cubes demandés par l'ancien Paris, on rencontrait déjà bien des difficultés ; mais aujourd'hui qu'il faut presque doubler ce volume quotidien, la solution présentait des difficultés plus insurmontables.

On s'est trouvé, en face des nouveaux besoins, obligé de renoncer à ce trop étroit programme, cause de tant de sujétions ; on a dû élargir les bases du projet et ne demander plus à chaque système que ce qu'il peut rationnellement donner.

Divisons l'approvisionnement comme on veut diviser la distribution ; que les deux services soient indépendants, et que la voirie soit servie sûrement ; qu'on soit désormais certain que le commerce de l'eau est bien séparé, bien distinct, et qu'on n'ait plus le regret de voir diminuer l'abondance des eaux publiques à mesure que croîtront les revenus du service des eaux privées.

Demander à une même provenance, à un unique moyen, la satisfaction simultanée de tous les besoins, c'est exposer la sûreté de l'alimentation, et si nous voyons la prévoyance de l'édilité parisienne si sévèrement en éveil contre les moindres chances d'irrégularité, ne voyons-nous pas en même temps, dans les bases même qu'elle imposait d'abord aux ingénieurs, la cause d'une partie de ses craintes ?

Rome avait craint, comme Paris, la disette de l'eau ; elle avait demandé à huit sources cette sécurité nécessaire à l'approvisionnement d'une grande cité ; 400 kilomètres d'aqueducs suffisaient à amener, à grande vitesse, sur ses collines, un volume égal à celui que roule, près de nous, la Marne pendant l'été. Si Paris trouvait près de lui d'aussi riches éléments, s'il ne lui fallait pas autant de travail qu'à Rome pour avoir quinze fois moins d'eau, tant de recherches seraient sans but; on n'aurait qu'à imiter; on pourrait, sans fatiguer le budget, préférer aux créations modernes, les travaux à l'antique.

Avant d'exposer la solution que nous proposons pour aider à la complète satisfaction des besoins de la ville de Paris, nous croyons utile de rappeler les bases qui résultent de la discussion des chapitres précédents et de bien mettre en évidence le programme qui nous servira de point de départ.

1° *Comme besoins à satisfaire*, nous sommes arrivés précédemment aux conclusions suivantes :

La voirie a besoin, pour tous ses services, de 208,000 mètres cubes d'eau ordinaire, soit 2^l,60 par mètre carré par jour; il est indispensable de compléter de suite cet approvisionnement et d'assainir, sans différer, toute la surface de Paris.

La consommation privée ne dépassera pas, pendant de longues années encore, 40,000 ou 50,000 mètres cubes d'eau de qualité supérieure par jour; on doit toutefois prévoir un rapide accroissement dans cette partie du service.

2° *Comme moyen à employer* pour arriver aussi économiquement que possible à satisfaire sûrement à ces besoins, toutes les considérations tendent à prouver,

Qu'il faut employer deux voies distinctes et indépendantes pour alimenter les deux services distincts et indépendants de la distribution.

La solution que nous allons exposer ne constitue pas un ensemble d'alimentation ; elle ne cherche qu'à combler quelques lacunes et à prêter un concours, utile peut-être aux vastes projets dont l'exécution est prochaine. Sans toucher à la question résolue des eaux potables, nos recherches n'ont eu pour but que de compléter rapidement et à bon marché l'important service de la voirie.

Insuffisance du volume des eaux de voirie.

Nous avons vu que s'il était indispensable de veiller avec rigueur sur la *qualité* des eaux de table, il ne l'était pas moins d'assurer l'*abondance* des eaux de voirie ; nous avons montré l'insuffisance indiscutable des services publics de la nouvelle ville.

D'un autre côté, il ressort de la discussion des projets présentés jusqu'à présent, que les dérivations des sources, pas plus que la vapeur, ne satisfont à la condition d'abondance, première nécessité des services publics.

Le canal de l'Ourcq donne à l'ancien Paris de quoi satisfaire à ses besoins d'hygiène générale, et l'on voit, d'après l'exposé fait, en 1858, par M. le Préfet, quel utile et efficace concours on compte y trouver pour l'ensemble du service nouveau. Donnons donc au nouveau Paris, donnons aux quartiers hauts de l'ancienne ville ce que l'Ourcq fournit à une partie des quartiers bas ; nous dégagerons ainsi l'alimentation de ses plus accablantes sujétions ; nous créerons, d'un seul coup, l'équilibre sur la surface entière de la ville nouvelle. Qu'on adopte, après cela, pour l'eau potable, tel ou tel mode d'alimentation, cela ne touche en rien à la question des eaux de service. Nous croirons avoir puissamment aidé à la résolution du problème des *Eaux de Paris* si, écartant les services publics de la discussion, nous réussissons à offrir, pour la partie vraiment onéreuse de notre approvisionnement, un moyen sûr, économique et durable.

Conditions que doit remplir le service des eaux de voirie.

Volume. — Les ressources dont Paris dispose aujourd'hui peuvent assurer, en eau ordinaire, suffisante pour les services de voirie, un volume total de 108,000 mètres cubes par jour, en laissant de côté le produit coûteux et mal assuré des machines à vapeur de Chaillot. Nous aurons donc, d'après les chiffres qui résultent de nos précédentes considérations, à amener dans nos réservoirs un volume quotidien de 100,000 mètres cubes, pour compléter l'approvisionnement de 208,000 mètres cubes, reconnu nécessaire.

Qualité. — Ces eaux, dont l'emploi est limité aux besoins des services publics, doivent être saines, point fétides, point incrustantes; on ne leur demandera ni cette pureté irréprochable, ni cette limpidité parfaite, ni cette invariabilité mathématique de température qu'on veut trouver dans les eaux potables ; l'abondance et le bas prix sont les principes qu'on ne doit pas perdre de vue; rappelons même, à ce sujet, que la dernière Commission d'enquête a laissé, pour les eaux dont nous nous occupons, toute latitude comme lieu de puisage.

Altitude. — Quant à la répartition des eaux de voirie sur la surface de Paris, on peut accepter pour bases les conditions suivantes :

Prenant pour limite de la *région basse* la cote 48 mètres au-dessus de la mer que peut, à l'heure qu'il est, alimenter le service de l'Ourcq, nous n'aurons, pour cette partie de la ville, qu'à compléter l'approvisionnement insuffisant des eaux du canal ; or, en évaluant la population des quartiers compris dans cette zone, on arrive au chiffre d'environ 1 million d'individus répartis sur une surface de 4,000 hectares.

Donnons à cette première région un volume quotidien de 135,000 mètres cubes, soit pour cette partie si compacte, si vivante de notre cité, à peu près $3^l,4$ par mètre superficiel.

Sur ce volume, chaque jour nécessaire à la cote $51^m,50$, l'Ourcq fournit avec Arcueil et les sources du Nord, 108,000 mètres; il reste donc 27,000 mètres cubes d'eau nouvelle à élever à cette altitude.

Au-dessus de cette zone inférieure se trouvent encore de vastes quartiers habités par près de 600,000 individus; nous avons à leur fournir 73,000 mètres cubes d'eau de service par jour. Si nous étudions la configuration de Paris, et si nous tenons compte de la nature des besoins auxquels répondent les eaux de voirie, nous verrons facilement qu'il est inutile, pour la plus grande partie de la surface, de dépasser l'altitude de 70 mètres; les points qui se trouvent à une cote supérieure ont une trop faible importance relative, pour qu'il soit sage et vraiment profitable d'élever à une hauteur exagérée la totalité du volume restant.

Entre les altitudes 48 mètres et 70 mètres, la *région moyenne* nous offre une surface de 2,500 hectares environ, habités par une population de 450,000 âmes; nous leur donnerons 55,000 mètres cubes par jour à la cote vraie 73 mètres aux réservoirs.

Le volume restant, 18,000 mètres cubes, sera consacré à la *région haute*, dont le sol est compris entre 70 et 97 mètres; nous aurons donc à élever ce dernier volume à la cote vraie de 100 mètres au-dessus du niveau de la mer.

Une telle répartition ne laisse aucune partie du service incomplète; ces trois réseaux, qui s'enveloppent, se prêtent un mutuel concours; et si l'on veut des eaux jaillissantes pour un point d'une zone trop rapproché de la limite d'alimentation, on empruntera, sans gêne, à la région supérieure, quelques litres par seconde. La surface entière de la ville jouira ainsi d'avantages uniformes.

Ces conditions d'altitude créent, nous l'avons vu, de graves difficultés pour les dérivations des sources du bassin de la Seine; il y a impossibilité d'espérer de ce côté une solution économique; il faut donc, pour cette partie du service, recourir forcément à une élévation mécanique dont nous pouvons, dès à présent, apprécier l'importance.

En prenant pour altitude du lieu de puisage la cote 25 mè-

tres (c'est, comme nous le verrons, la cote de l'étiage relevé de
la Seine au point de puisage que nous adoptons), et en partant
des données qui précèdent, on obtient, pour le travail utile à
produire, 726 chevaux, et en évaluant les pertes de travail à
45 pour 100 (chiffre qui, nous le verrons, est au-dessus de ce
qu'exige la prudence), on arrive à évaluer à moins de 1,320
chevaux vapeur la force à fournir aux récepteurs.

Reste donc, pour résoudre la question des eaux publiques,
à trouver, près de Paris, une force régulière, créée économiquement et sans le secours de travaux incertains ou de longue
durée ; reste à l'utiliser avec sûreté pour amener dans nos
bassins le volume nécessaire d'une eau ordinaire, saine, mais à
bon marché.

La vapeur ne peut fournir cette force dans des conditions
avantageuses ; les moteurs hydrauliques établis sous barrages
sont trop irréguliers pour un semblable service.

Il reste une troisième source de force peu explorée jusqu'ici ;
c'est à elle que nous allons essayer de demander ce que refu-
sent les deux premières.

Les dérivations de la Seine en aval de Paris.

En étudiant la Seine en aval de Paris, nous la voyons, à partir de Grenelle, se replier plusieurs fois, cherchant le Nord un
instant, revenant au Midi après quelques kilomètres, puis
changeant encore le sens de son cours.

Que la nature, qu'une main puissante lui trace demain un
chemin plus direct, que tout à coup les hauteurs de Saint-Germain s'abaissent ou s'écartent, nous verrons le fleuve courir en
ligne droite de Grenelle à Poissy, descendant en quelques kilomètres ces 9 mètres de pente qu'il met aujourd'hui plus de
60 kilomètres à racheter lentement. En supposant la pente
et la vitesse de ce fleuve nouveau réglées aux souhaits de la
ville, il nous offrirait, aux portes de Paris, en toute saison,

une force énorme ; on aurait à la fois richesse de débit et constance de chute : ce seraient 7 ou 8,000 chevaux de force brute en étiage ; ce seraient, en grande sécheresse 5,000 chevaux ; on n'aurait pas à redouter les crues, et l'on verrait, sous cette chute naturelle, indéformable , croître la force utile, comme croîtrait le volume du fleuve.

Une semblable entreprise n'est évidemment pas praticable ; nous n'avons voulu, en en signalant le résultat, que mettre en évidence l'importance et la puissance du moyen en lui-même.

Du reste, d'après les bases numériques que nous avons établies, il est aisé de voir que nous n'avons pas besoin de ces milliers de chevaux pour résoudre la question ; une faible partie de cette immense force peut suffire à tous les besoins. Voyons donc s'il n'existe pas une combinaison avantageuse, réalisable économiquement, qui nous permette de ne prendre que la part de force utile.

Le programme de nos recherches peut, d'après tout ce qui précède, se résumer ainsi :

Dériver, à travers les presqu'îles formées par la Seine, en aval de Paris, une partie du fleuve, et profiter, pour l'établissement d'une force hydraulique, de la chute naturelle, recueillie entre les extrémités du canal.

Donner au canal de dérivation les proportions d'un canal de navigation, et faire profiter les bateaux des avantages qu'il pourra créer, en même temps qu'on cherchera à assurer la mise en valeur des vastes terrains des presqu'îles qu'il traversera.

Études préliminaires.

Nous étudierons d'abord les conditions auxquelles doit satisfaire la création de la force motrice, et nous rechercherons les ressources que le fleuve offre pour les réaliser. Après avoir constaté la possibilité d'une semblable création, nous déterminerons ses éléments principaux et les résultats qu'elle permettra d'obtenir.

Pour atteindre sûrement le but, une étude préliminaire est indispensable.

Nous examinerons donc successivement le régime naturel de la Seine, les modifications que les travaux de navigation y ont apportées, et celles qu'entraînera l'exécution des ouvrages projetés; enfin les circonstances particulières de son cours, et celles que présentent, au point de vue topographique, les terrains situés sur ses rives.

Régime naturel de la Seine. — La pente moyenne du fleuve est, en amont de Paris, de $0^m,13$ par kilomètre, et si nous ne tenons pas compte des petits accidents que l'on remarque dans la traversée de Paris, elle est à peu près régulière et uniforme jusqu'à Bezons : entre ce point et Paris, elle est de $0^m,102$, s'élève à $0^m,159$ entre Bezons et Maisons pour redescendre à $0^m,10$, en diminuant ensuite régulièrement jusqu'à Oissel, où elle n'est plus que $0^m,062$.

On peut considérer comme nulle l'influence des crues sur la pente superficielle, et admettre comme constants les chiffres que nous venons d'indiquer, quel que soit le niveau des eaux du fleuve. On observe pour la Seine le même fait que dans un canal découvert de grande longueur ; la vitesse s'accroît avec le volume à écouler, sans que le niveau cesse d'être à peu près rigoureusement parallèle au fond du lit.

L'exemple de la crue fameuse de 1740 vient à l'appui du fait énoncé : le niveau était alors à Paris de $8^m,10$ au-dessus de l'étiage ; à Rouen, de $6^m,22$: la différence $1^m,88$ répartie sur les 240 kilomètres qui séparent ces deux villes donne un accroissement de pente kilométrique négligeable.

Le niveau des eaux du fleuve varie, au contraire, dans des limites étendues : on peut se rendre compte de l'importance et de la durée de ces variations par l'examen du tableau suivant :

Ce tableau donne, pour treize années consécutives, le niveau des plus basses et des plus hautes eaux : il indique également la durée des niveaux inférieurs à 0^m; $0^m,50$; 1 mètre, et supérieurs à 3, 4, 5, 6 mètres, ainsi que le niveau moyen pour chaque année.

Les cotes sont rapportées à l'échelle du pont de la Tournelle.

ANNÉES	Plus basses eaux.	DURÉE DES BASSES EAUX inférieures à			Plus hautes eaux.	DURÉE DES HAUTES EAUX supérieures à				HAUTEUR moyenne de chaque année.
		0 m.	0 m.50	1 m.		3 m.	4 m.	5 m.	6 m.	
	mèt.	j.	j.	j.	mèt.	j.	j.	j.	j.	met.
1836...	0,30	0	70	102	6,40	73	27	13	6	1,96
1837...	0,42	0	10	115	4,70	42	2	0	0	1,73
1838...	0,25	0	68	152	2,65	0	0	0	0	1,15
1839...	0,24	0	103	123	5,12	73	16	2	0	1,54
1840...	—0,03	2	143	214	4,90	38	12	0	0	1,11
1841 ..	0,30	0	28	97	4,88	51	20	0	0	1,67
1842. .	—0,10	12	172	192	3,30	3	0	0	0	0,81
1843...	0,00	1	70	149	4,65	12	6	0	0	1,18
1844...	0,25	0	70	185	5,97	22	12	7	0	1,29
1845...	0,35	0	21	93	5,45	25	12	4	0	1,58
1846...	0,10	0	127	166	5,20	59	37	9	0	1,55
1847...	0.15	0	120	202	5,20	30	10	3	0	1,18
1848...	—0,10	8	89	191	3,65	51	19	5	0	1,27
Moyennes générales.		j. 1 77	j. 84	j. 151		j. 36,9	j. 13,3	j. 3,3	j. 0,46	mèt. 1,38

Le débit moyen de la Seine est, d'après les observations les plus exactes, de 259 mètres cubes par seconde, débit qui correspond à la cote de $1^m,21$ au-dessus de l'étiage du pont de la Tournelle; mais ce volume varie, comme le niveau, entre des limites étendues.

Le volume le plus considérable dont il ait été fait mention correspond à la crue extraordinaire de 1740 ; il était alors de 3,520 mètres cubes ; d'après M. Sénéchal, il aurait atteint, au plus fort de la crue, le chiffre énorme de 4,500 mètres cubes par seconde.

En étiage le volume est de 75 mètres cubes ; mais accidentellement, il peut descendre notablement au-dessous : le minimum connu s'est produit pendant la sécheresse remarquable de 1858.

Le 22 octobre de cette année, tandis que le niveau était descendu à 0^m,83 au-dessous du zéro de l'échelle du pont de la Tournelle, et pour la première fois depuis l'origine des observations au-dessous du zéro de l'échelle du Pont-Royal, un jaugeage, fait avec soin par M. Michal, a donné un débit de 44 mètres cubes : au-dessus du confluent de la Marne, la Seine ne débitait plus que 32 mètres cubes.

Ces chiffres ne peuvent être indiqués que comme des minimums tout à fait extrêmes, dont la rareté séculaire atténue singulièrement l'importance.

En 1858, la sécheresse a produit, on se le rappelle, une véritable calamité publique ; les cours d'eau à sec, les sources taries, le chômage de la plupart des usines hydrauliques, l'appauvrissement des récoltes, la suspension de la navigation intérieure, telles ont été les conséquences de cette sécheresse dans toute l'étendue de la France.

Cette année a donc présenté un phénomène exceptionnel, et, par suite, il ne faut pas attribuer aux chiffres que nous venons de citer une importance exagérée : ils montrent toutefois quelle prudence il faut apporter dans l'évaluation des volumes d'eau qui peuvent être attribués à une usine hydraulique créée en Seine, et de la force motrice que l'on peut obtenir.

Régime modifié par les travaux de navigation. — Le régime naturel du fleuve, dont nous venons d'examiner les principales circonstances, a reçu d'importantes modifications par suite des travaux exécutés pour améliorer la navigation.

Un système de barrages qui se complète en ce moment a pour effet de rendre, en basses eaux, la pente entre deux barrages successifs presque insensible, et de rassembler, aux points où ils sont établis, les pentes réparties, dans l'état naturel, sur de grandes longueurs.

Dans la partie de la Seine que nous avons à considérer, les travaux en rivière sont : le barrage d'Andrésy en aval de l'embouchure de l'Oise ; en remontant le fleuve , les barrages de Bougival et de Bezons ; enfin, celui de la Monnaie dans l'intérieur de Paris.

Mais nous n'avons pas seulement à tenir compte des ouvrages qui existent déjà ; des travaux importants restent à établir pour améliorer la navigation et constituer le régime définitif du fleuve.

En amont de Paris, plusieurs barrages sont en construction, et on doit prochainement en établir un à Port-à-l'Anglais, en amont du confluent de la Marne.

A l'aval de Paris, l'un des ouvrages les plus urgents, et dont l'exécution doit être regardée comme prochaine, est un barrage intermédiaire entre celui de Bougival et celui de la Monnaie.

La Seine, en effet, présente, entre Épinay et Paris, des hauts fonds qui rendent la navigation périlleuse en basses eaux, et empêchent les bateaux de naviguer en tout temps à pleine charge.

Pour remédier à cet état de choses, l'administration des ponts et chaussées avait projeté, dès 1855, d'établir à Épinay, au point où cesse l'influence des barrages de Bougival et de Bezons, un barrage d'une hauteur de $2^m,27$, relevant les eaux jusqu'à l'écluse de la Monnaie. Ce barrage, établi sur l'un des bras de la Seine que divise l'île Saint-Denis, aurait été complété par un autre placé à Saint-Ouen, sur le bras opposé : on aurait ainsi reproduit identiquement les circonstances qui se trouvent réunies à Bougival et à Bezons.

La nécessité d'apporter une prompte amélioration à la navigation de cette partie de la Seine est reconnue en principe ; seulement, de nouvelles considérations ont déterminé l'administration à étudier un autre projet tendant au même but.

D'après les nouvelles études, on relèverait les barrages de Bougival et de Bezons, et l'on porterait ainsi le mouillage à la

profondeur voulue d'au moins 2 mètres jusqu'à Asnières, qui
serait le point choisi pour l'établissement du nouveau barrage ;
ce dernier serait établi, soit entre les deux ponts d'Asnières,
de manière à faire franchir aux bateaux ces deux obstacles en
même temps que l'écluse, soit à 300 mètres en amont du pont
du chemin de fer, vers l'extrémité de l'île de la Grande-Jatte.

*Conséquences des faits précédents pour le service des eaux
de Paris.* — Quelles sont les conséquences qui découlent des
faits que nous avons examinés? Ce qui frappe tout d'abord,
c'est la difficulté avec laquelle le fleuve semble devoir se prêter
à la création d'une force motrice : la faible valeur de la pente
superficielle, les variations considérables de niveau et de débit,
sont autant d'obstacles à la facile réalisation d'une semblable
idée.

Ces difficultés vont paraître encore plus frappantes si on les
rapproche des conditions auxquelles est astreint le service des
eaux de Paris, conditions que nous avons déjà indiquées, et qui
peuvent se résumer ainsi : le volume une fois fixé d'après l'im
portance des besoins, il doit être amené, en toute saison, aux
réservoirs, d'une manière constante et sûre ; il n'est possible
d'admettre, en aucun cas, aucune réduction dans l'approvisionnement, aucune interruption surtout, qui dépasse la limite
prévue dans l'établissement des réservoirs. Il ne faut pas perdre
de vue que la capacité de ces derniers, construits dans l'enceinte de Paris, est nécessairement fort limitée, eu égard au
volume journalier qu'ils doivent distribuer, et il n'est pas possible de compter y emmagasiner de l'eau pour plus de deux
ou trois jours : telle est d'ailleurs la limite de capacité adoptée
dans ses *Mémoires* par M. le Préfet de la Seine.

Dès lors, pour appliquer avec succès les forces naturelles
du fleuve à cet approvisionnement, il faudra remplir en tout
point les conditions suivantes, conséquences de celles qui précèdent :

1· Créer une chute permanente, suffisante dans les cas les plus défavorables et avec les volumes d'eau dont on peut disposer, pour donner toute la force motrice nécessaire ;

2° Rendre impossible toute réduction dans le travail moteur, toute interruption, par une cause quelconque, dont la durée excède la limite imposée par la capacité des réservoirs.

A ces conditions, qui découlent directement des exigences du service, il faut ajouter les suivantes, qu'il n'est pas moins essentiel de remplir :

3° Dans le choix des moyens et des ouvrages à exécuter, faire en sorte de n'apporter aucun obstacle, aucune gêne à la navigation, ni causer aucun dommage aux propriétés riveraines;

4° Enfin, arriver au résultat cherché, en restant dans les limites prescrites par une sage économie, condition importante quand il s'agit du service des eaux publiques.

Les chutes sous barrages offrent-elles une solution ?

Peut-on par une simple barrage, créer une force motrice remplissant les conditions que nous venons d'énoncer ? Nous avons déjà parlé en termes généraux de l'opposition qui s'est élevée contre l'emploi d'un semblable moyen, opposition qui semble déjà suffisamment justifiée par l'opinion de tous les hommes compétents : il devient facile maintenant de préciser les motifs sur lesquels elle se fonde, et de faire voir dans quelles limites un semblable projet serait incomplet et insuffisant en face des besoins à satisfaire.

La hauteur d'un barrage est en effet limitée par des considérations de sûreté publique et de respect de la propriété, devant lesquelles toute autre doit s'effacer. Utiles à la navigation en basses eaux, les barrages sont pendant les crues autant d'obstacles à l'écoulement. Les plaines situées sur tout le cours de la Seine, les ports établis sur ses rives, sont trop facilement submersibles, dans les crues de quelque importance, pour qu'on ne doive pas proscrire tout ouvrage en rivière dont l'effet pourrait se traduire, soit par une plus grande fréquence des inondations, soit par une aggravation de celles qu'il est impossible d'éviter : une hauteur de 2^m,50 à 3 mètres doit être regardée comme un maximum qui ne peut être dépassé sans danger.

Le tableau qui précède fait voir qu'à la hauteur de 3 mètres, la chute serait totalement supprimée pendant près de quarante jours en moyenne ; pendant deux mois et demi dans certaines années. A une hauteur de 2^m,50, correspondrait un chômage beaucoup plus long, qui ne durerait pas moins de trois et même quatre mois.

Il est évident, en outre, qu'avant la disparition totale de la chute, on verrait le travail des moteurs se réduire graduellement et amener ainsi une diminution de plus en plus grande de la quantité d'eau élevée.

Sans les inconvénients que nous venons de signaler, il suffirait, pour créer une force motrice, d'utiliser les barrages établis ou en voie d'exécution. Ceux qui sont projetés à Épinay et Saint-Ouen se présenteraient à cet égard dans des conditions très-favorables : on pourrait profiter d'une dérivation naturelle, résultant de la division de la Seine en deux bras par l'île Saint-Denis ; on aurait ainsi la reproduction exacte de ce qui existe à Marly.

Si donc l'usine établie en ce point se trouvait dans des conditions admissibles pour le service de Paris, on trouverait à Épinay, sans grande dépense, la solution du problème : malheureusement, il n'en est rien, et, en examinant la marche des machines de Marly, on ne peut que constater une fois de plus les défauts d'une semblable création, quand il s'agit d'un service régulier et permanent.

Il faut, en effet, compter à Marly en moyenne deux mois de chômage complet par année. Dans un travail sur ce sujet publié au *Moniteur*, M. Friès s'exprime ainsi : « Une longue expérience faite à la machine de Marly a prouvé que les roues ne chôment en moyenne que deux mois, et que le chômage total n'a jamais atteint trois mois. »

La forme même sous laquelle est présenté ce résultat d'expérience, indique que la durée de ce chômage n'offre rien d'inadmissible pour Versailles : pour la ville de Paris, il en serait tout autrement.

Les conditions ne pourraient se trouver changées pour une usine utilisant le barrage d'Épinay, que si le bras sur lequel elle serait installée était complétement barré en toute saison : dans ce cas, il serait possible de conserver, en hautes eaux, une chute à peu près égale à la pente totale sur toute sa longueur ; mais nous n'avons pas besoin d'ajouter qu'une telle hypothèse doit être rejetée, et qu'il est impossible d'enlever ainsi au fleuve la moitié de sa section d'écoulement.

Dès lors, cette chute, bien que dans des conditions favorables, aurait tous les défauts des barrages en pleine Seine, et serait tout aussi inacceptable.

La durée des chômages constatés à Marly n'offre, comme nous le disions tout à l'heure, aucun inconvénient pour le service de la ville de Versailles : là, des réservoirs contenant un approvisionnement de 56 jours permettent de supporter sans souffrance un chômage prolongé. A Paris, il n'en est pas ainsi : il est impossible de compter sur des réservoirs pour obvier à l'inconvénient signalé ; il faut que l'usine fonctionne sans relâche, sans temps d'arrêt, si petit qu'il soit. Par suite, il faut une chute permanente, qui subsiste indépendamment des variations de niveau du fleuve ; il n'y a donc pas à songer à reproduire pour le service de Paris ce qui existe à Marly, et nous écarterons, sans restriction, tout projet analogue.

Chutes créées par dérivation.

La question change de face si nous avons recours à un autre

moyen dont nous avons déjà indiqué le principe, la dérivation des eaux du fleuve.

Dériver par un canal dont la pente soit convenablement aménagée et la longueur aussi faible que possible, le volume d'eau nécessaire, profiter ainsi de la pente qui existe en tous temps entre son origine et son embouchure, tel est le moyen unique et indispensable pour créer une chute permanente ; telle est la base du projet que nous présentons.

Comme moyen auxiliaire, il sera possible d'utiliser les barrages pour accroître la chute en étiage : à ce point de vue, ils offriront un concours utile à l'établissement économique d'une dérivation.

Il nous reste à chercher si le cours du fleuve et les terrains situés sur ses bords se prêtent à l'établissement d'un canal remplissant les conditions imposées.

Examen topographique des bords de la Seine. — De même que nous avons étudié le régime de la Seine, nous examinerons les circonstances topographiques des terrains qu'elle enveloppe.

En amont de Paris, le fleuve offre peu de ressources, il descend à peu près en ligne droite, et un canal de dérivation qui y serait établi aurait à peu près le même développement; peut-être pourrait-on, par une dérivation, à travers la plaine, entre Villeneuve-Saint-Georges et Port-à-l'Anglais, créer une force motrice permanente de 400 à 500 chevaux ; mais elle serait, comme on le voit, insuffisante.

La partie d'aval, au contraire, offre des particularités remarquables ; la simple inspection d'une carte des environs de Paris suffit pour montrer que là doivent se porter les recherches.

La Seine, en effet, présente, à partir de son entrée dans Paris, une succession de sinuosités dont la forme appelle tout d'abord l'attention ; on y trouverait, nous l'avons vu, une force hydraulique immense; cette force ne peut être recueillie en

5

totalité, mais ne peut-on s'en approprier une fraction suffisante pour les besoins ?

Une puissance utile de 726 chevaux en eau élevée, de 790 en tenant compte d'une perte de charge de 4 à 5 mètres par les colonnes de refoulement, suffirait pour élever aux altitudes convenables toute l'eau réclamée par les services publics de Paris. Sans chercher jusqu'où peut aller la perfection des appareils, nous prendrons pour point de départ un rendement de 80 pour 100 pour les pompes, de 75 pour 100 pour les moteurs, soit un rendement final de 60 pour 100 (1).

Le rendement de 60 pour 100 sera certainement dépassé ; par suite une force brute de 1,320 chevaux sera au-dessus des besoins.

La question se résume donc à trouver le moyen le plus facile, le plus sûr et le plus économique de nous approprier cette fraction ainsi définie de l'immense force naturelle dont nous avons constaté l'existence.

Par la division du service en deux branches essentiellement distinctes, service public, service privé, nous nous trouvons affranchis de toute préoccupation de qualité : peu importe le lieu de puisage des eaux publiques, peu importe la position de l'usine destinée à les élever.

---

(1) Les chiffres que nous admettons ne peuvent éveiller aucun doute, et nous restons évidemment au-dessous de ceux que fournit l'expérience. Les pompes d'Angers rendent, d'après les constatations officielles, 86 p. 100 : beaucoup de grandes pompes de distribution d'eau donnent des résultats analogues; celles de Marly, avec leur marche lente, et en raison de leurs grandes dimensions, doivent donner davantage.

Pour les moteurs, nous n'admettrons pas le chiffre de 86 p. 100 indiqué par les constructeurs pour le rendement des roues de Marly : le système d'après lequel elles sont conçues ne comporte pas un tel résultat; mais on peut attendre de bonnes roues de côté 75, 80 p. 100 et même davantage.

Les roues de côté, dites à siphon, à marche lente, à grande dépense d'eau, dépassent de beaucoup ces résultats, et ce serait peut-être ici le cas de les employer.

Nous sommes maîtres, dès lors, de profiter des circonstances particulières que présente la Seine en aval de Paris, de choisir celle des presqu'îles qui permettra, tout examen fait, l'établissement d'un canal de dérivation dans les meilleures conditions.

Recherches du tracé de la dérivation.

Nous examinerons successivement les dérivations qu'il est possible de concevoir dans chaque presqu'île, afin de faire ressortir, en les comparant, leurs avantages respectifs, et de motiver le choix que nous aurons à faire de l'une d'elles.

Nous ne citerons que pour mémoire la dérivation proposée entre Port-à-l'Anglais et Grenelle : ce projet a déjà été réfuté, et doit être considéré comme impraticable.

Nous n'insisterons pas davantage sur le tracé que l'on pourrait concevoir entre le pont de l'Alma et Asnières pour utiliser le coude que fait la Seine autour du bois de Boulogne ; il est, comme le précédent, inadmissible.

Écartons également le tracé d'après lequel le canal de dérivation, partant de Maisons, irait se jeter au-dessous du barrage d'Andrésy.

La distance de Paris, l'élévation du sol de la forêt de Saint-Germain, les sujétions nombreuses, tant pour le passage du canal que pour celui des colonnes de refoulement, sont autant de raisons qui doivent le faire rejeter *à priori*.

Il ne nous reste donc plus qu'à examiner si, dans les deux presqu'îles intermédiaires, celle du Mont-Valérien et celle de

---

Il y a tout lieu de croire que l'on pourra obtenir de 70 à 75 p. 100 de rendement en eau élevée, et par suite obtenir près de 950 chevaux utiles, c'est-à-dire porter au besoin la production de 100,000 mètres cubes à 125 ou 130,000 mètres cubes par jour.

Nous ne compterons toutefois que sur le rendement final de 60 p. 100, certains, dès lors, de rester au-dessous de la vérité.

Sannois, nous trouverons un tracé satisfaisant aux conditions énoncées.

Ces deux presqu'îles offrent des circonstances topographiques à peu près identiques.

Presqu'île du Mont-Valérien. — La base de la presqu'île du Mont-Valérien est occupée, dans toute sa largeur, par un plateau élevé dont les bords descendent en pente roide, de part et d'autre, vers la Seine. Ce plateau va se rétrécissant, et quitte, du côté de Rueil, les bords de la rivière, dont il est séparé par la plaine de Rueil et de Nanterre. Il se termine au Mont-Valérien, et, au-dessous de ce mamelon, il n'existe plus qu'un contre-fort qui s'en détache dans la direction de Courbevoie.

Ce contre-fort conserve du côté de Paris un escarpement, et descend, au contraire, en pente douce, dans le sens opposé : il s'abaisse, rapidement d'abord, lentement ensuite, pour venir mourir à Asnières au niveau de la plaine qui occupe tout le sommet de la presqu'île sans aucun autre accident.

Presqu'île de Sannois. — Dans la presqu'île de Sannois, on observe une disposition analogue : le plateau, qui s'étend à la base des collines de Sannois, s'abaisse graduellement jusqu'à Houilles, pour se relever ensuite jusqu'à Montesson ; en ce point, il s'abaisse rapidement, et aboutit à une plaine de faible longueur occupée par le bois du Vésinet. A la hauteur de Houilles, le plateau présente une dépression sensible, dont on a profité pour faire passer le chemin de fer de Paris au Havre ; en outre, il se rétrécit en ce point, et laisse entre Houilles et Bezons une plaine qui occupe le tiers de la largeur totale.

Étude du tracé.

Les deux presqu'îles ont une faible largeur relativement au développement de la rivière autour de chacune d'elles : cette

largeur, qui reste presque constante, est d'environ 5 kilomètres, tandis que la longueur de rivière s'élève à 35 kilomètres
autour de la presqu'île du Mont-Valérien, à 31 autour de
celle de Sannois.

Elles présentent, comme on le voit, une configuration remarquable. Si la nature et l'élévation des terrains ne venaient y
mettre obstacle, un canal de 5 kilomètres suffirait pour recueillir, dans l'une ou dans l'autre, la pente correspondante à une
longueur considérable de rivière. On créerait ainsi une chute
permanente de $3^m,50$ environ qui donnerait une force motrice en étiage de 3,000 chevaux.

Un canal direct est impossible : il faudrait, pour cela, avoir
recours à des travaux souterrains, d'une évaluation difficile,
d'une durée incertaine et d'un prix probablement fort élevé.

Ces 3,000 chevaux sont d'ailleurs bien au-dessus des besoins,
et, par suite, il serait superflu et irrationnel de vouloir, au
prix d'un travail coûteux, profiter du développement total du
fleuve. Cherchons donc si, par un canal entièrement en tranchée et d'une faible longueur, nous pouvons recueillir la pente
correspondante à un développement en rivière suffisant pour
fournir la force motrice dont nous avons besoin : à cet effet,
examinons séparément chacune des deux presqu'îles.

Dans la première, le contre-fort détaché du Mont-Valérien
ne présente plus, au delà de Courbevoie, qu'une faible hauteur, qui permettrait de passer en tranchée avec une hauteur
maximum de 16 mètres au-dessus du plafond du canal.

Ce point peut donc servir d'origine pour un canal de dérivation, et l'on peut reconnaître pour son tracé deux directions
différentes :

1° Partant d'un point convenablement situé entre Courbevoie et Asnières, le canal se dirigerait vers Nanterre pour tra-
verser la plaine de Rueil et venir se jeter à l'aval des roues de
Marly ; les éléments principaux seraient :

Longueur du canal, 12,000 mètres.

Développement correspondant du fleuve, 25,000.

Chute utile en basses eaux 4m,80.

Chute utile en hautes eaux, 2 mètres.

2° Le canal, au lieu de s'infléchir vers Nanterre, traverserait la plaine de Gennevilliers, passerait entre Colombes et Argenteuil, pour venir se jeter à quelques centaines de mètres en amont du pont de Bezons.

On aurait ainsi :

Longueur du canal, 5,875 mètres.

Développement du fleuve, 16,200.

Chute utile en basses eaux, 2m,65.

Chute utile en hautes eaux, 1m,51.

Dans la deuxième presqu'île, il faut descendre jusqu'au col de Houilles pour trouver des altitudes assez faibles pour passer en tranchée : le canal suivrait ainsi à peu près le tracé proposé, il y a une trentaine d'années, pour le canal projeté entre Paris et la mer : partant de Bezons, il traverserait la plaine qui sépare ce point de Houilles, et viendrait aboutir en face de Maisons.

C'est, dans cette presqu'île, le seul tracé possible : la plaine du Vésinet a une trop faible longueur pour que l'on puisse, en y creusant un canal, recueillir une pente suffisante.

Nous aurons donc pour le tracé de Houilles :

Longueur du canal, 5,000 mètres.

Développement du fleuve, 17,500 mètres.

Chute utile en basses eaux, 3m,00.

Chute utile en hautes eaux, 2m,30.

Par l'une quelconque de ces trois dérivations, on peut créer une chute permanente : toutes trois, elles offrent donc une solution à la question proposée ; mais si on les compare, il est facile de reconnaître à priori pour celle d'Asnières à Bezons une supériorité incontestable.

Le tracé de Courbevoie à Marly donnerait lieu, il est vrai, à une chute plus importante ; mais il aurait sa prise d'eau en amont des roues de Marly, et son embouchure en aval : par suite, on ne pourrait dériver qu'un moindre volume d'eau : de ce côté il y a donc compensation ; mais son développement presque double, l'altitude plus grande des terrains qu'il traverse, les difficultés qui se présentent dans la traversée de Bougival, toutes ces raisons motivent surabondamment la préférence à donner au canal d'Asnières à Bezons.

Si l'on compare ce dernier à celui de la deuxième presqu'île, on verra facilement qu'il doit lui être préféré : la différence dans la chute créée est, comme dans le cas précédent, compensée par le volume d'eau qu'il faudrait laisser à l'usine de Marly dans le cas de la dérivation de Bezons à Maisons. La longueur des deux tracés est à peu près la même ; mais celui de Bezons à Maisons rencontre des terrains beaucoup plus élevés, nécessite des tranchées plus profondes : l'usine serait plus éloignée de Paris et la longueur des colonnes de refoulement beaucoup plus grande.

Choix de la dérivation d'Asnières à Bezons. — D'après ce qui précède, il ne peut y avoir de doute sur le choix à faire : le tracé d'Asnières à Bezons est préférable à tout point de vue, et c'est celui que nous adopterons.

Son exécution ne rencontrera aucune difficulté sérieuse. Il sera creusé entièrement dans une plaine peu élevée ; il sera aux portes de Paris, puisqu'il aura son origine au point même où la rivière s'en rapproche le plus.

Si donc, en établissant ce canal, il est possible de créer une force motrice suffisante pour les besoins du service public, nous arriverons ainsi à la solution la plus avantageuse et la plus économique qu'il soit possible de rencontrer, dans l'ordre d'idées que nous poursuivons ici.

En parlant des travaux établis et à établir pour le service de la navigation, nous avons vu qu'un barrage intermédiaire entre celui de Bougival et celui de la Monnaie était reconnu nécessaire, et qu'en outre, il était question de reporter à Asnières cet ouvrage, précédemment projeté à Épinay.

A quelque parti que l'on s'arrête à cet égard, ce barrage viendra fournir à la dérivation, en basses eaux, un concours utile : s'il ne peut servir, à lui seul, de base à la création d'une force motrice permanente, il aura, du moins, pour effet d'accroître la chute en étiage au moment même où cet accroissement peut être utile.

La position de cet ouvrage n'a qu'une faible influence sur le prix de revient du travail : dès maintenant nous pouvons énoncer les bases du projet que nous présentons pour compléter l'approvisionnement des eaux de Paris, savoir :

1° L'établissement d'un canal entre Asnières et Bezons, permettant de dériver du fleuve le volume d'eau nécessaire pour la force motrice à produire ;

2° Comme moyen auxiliaire, la construction du barrage projeté, en un point qui serait choisi dans une étude définitive ;

3° La création sur le parcours du canal d'une usine hydraulique, utilisant la chute créée, et refoulant les eaux élevées vers les buttes Montmartre.

Sans nous occuper du barrage dont l'élévation est indépendante de notre but, nous remarquerons que le choix définitif de son emplacement influera sur le tracé du canal de dérivation.

Dans l'incertitude qui règne encore sur cette question, nous nous trouvons en présence de deux hypothèses :

1° Construction du barrage, soit au pont d'Asnières, soit à 2 ou 300 mètres en amont ;

2° Sa translation en un point quelconque en aval entre Asnières et Bezons, à partir de 6 ou 800 mètres du pont d'Asnières.

Étude du projet dans la première hypothèse. — Dans la

première hypothèse, le canal de dérivation prendrait son origine à une certaine distance en amont d'Asnières, de manière à éviter toute construction pouvant donner lieu à des indemnités de quelque importance. Cette condition peut être réalisée, sans accroissement notable de parcours, en plaçant l'origine à 750 mètres en amont du pont-route.

Le canal s'infléchirait vers Asnières, à peu de distance de son point de départ ; il traverserait le contre-fort en tranchée en passant sous les chemins de fer, pour entrer en plaine après un faible parcours. A partir de ce point, il ne rencontrerait plus aucun obstacle : il passerait entre Colombes et Argenteuil en évitant les propriétés bâties, et viendrait aboutir à 300 mètres environ en amont du pont de Bezons.

Sa longueur serait de 5,875 mètres, et on pourrait profiter de la pente de la rivière sur 16,200 mètres ; les avantages de ce tracé sont frappants, puisqu'il permet de profiter d'un développement du fleuve trois fois plus grand que sa propre longueur.

Le profil que nous en avons tracé (planche 2) donne une idée exacte des travaux à exécuter et des résultats qu'on pourrait obtenir.

La chute ainsi créée varierait entre $2^m,65$ et $1^m,51$, déduction faite de la pente nécessaire pour l'écoulement de l'eau dans le canal.

La chute est à son maximum en étiage et diminue graduellement jusqu'au minimum de $1^m,51$, qui se produit en hautes eaux, quand l'influence des barrages a totalement disparu.

Dans ce qui précède et dans ce qui va suivre, nous nous sommes appuyés sur les documents officiels du service de la navigation de la Seine ; les cotes du terrain nous ont été fournies par les cartes de l'état-major. Pour le nouveau barrage, nous avons admis la hauteur de $2^m,30$, sensiblement celle adoptée pour le barrage projeté à Épinay, et notablement inférieure à celle que l'on pourrait, croyons-nous, adopter sans danger.

Nous avons voulu toutefois nous en tenir à ce chiffre, qui ne peut soulever aucune objection, laissant à une étude plus approfondie le soin de l'augmenter, s'il y a lieu : tout accroissement qui serait reconnu possible viendrait augmenter la chute en étiage, et ne pourrait qu'améliorer, si besoin était, les conditions de l'usine.

Il faudrait ainsi, pour obtenir en étiage la force motrice de 1,320 chevaux qui est reconnue nécessaire, dériver un volume un peu supérieur à 37 mètres, soit 38 mètres cubes par seconde.

Or, nous avons vu que la Seine débitait alors 75 mètres cubes ; le volume que nous lui demandons n'a donc rien d'exagéré, et il serait possible, sans inconvénient, de lui emprunter une fraction plus importante du volume de ses eaux.

L'existence des barrages s'oppose, en effet, à ce que les rives du fleuve soient mises à découvert par un abaissement quelconque de son niveau naturel ou la dérivation d'une partie de ses eaux. Il ne peut donc résulter de là aucune cause d'insalubrité pour les populations riveraines.

Au point de vue de la navigation, l'établissement du canal ne changera rien au tirant d'eau, maintenu toujours au degré voulu par le barrage, et l'on pourrait à la rigueur ne laisser au lit naturel que les quelques mètres cubes d'eau nécessaires au service de l'écluse et à un renouvellement suffisant du prisme d'eau retenu par le barrage inférieur,

Est-il rationnel de considérer le débit de 75 mètres cubes, correspondant au zéro de l'échelle du pont de la Tournelle, comme le débit minimum sur lequel on doive compter? Il est facile de voir qu'on peut le faire sans s'exposer à aucun mécompte.

Si nous nous reportons au tableau des hauteurs de la Seine que nous avons cité, nous voyons que le niveau du fleuve ne descend que fort rarement plus bas que le zéro du pont de la Tournelle : il ne s'est tenu au-dessous de ce point que pendant une moyenne de 36 heures par année ; dans une période de 126 ans, le zéro n'a été atteint que 17 fois, soit en moyenne une fois tous le sept ans.

En dérivant en basses eaux 38 mètres cubes, nous laissons au lit naturel près de la moitié du volume minimum qu'il débite, et l'on pourrait emprunter sans danger à la Seine un plus grand volume, le jour où l'utilité d'un accroissement de force motrice serait reconnue.

Dans l'état actuel des choses, ces 38 mètres cubes suffisent largement aux besoins, et ce chiffre est assez modéré pour qu'il reste encore admissible quand le niveau tombe notablement au-dessous de l'étiage.

Ce n'est que dans les années exceptionnelles, comme 1858, qu'il serait peut-être prudent de restreindre à 30 ou 35 mètres cubes le volume dérivé. La réduction de force motrice qui en résulterait serait de 10 à 15 pour 100 environ ; mais la rareté séculaire de ces sécheresses, qui sont une véritable calamité publique, le peu de durée des minimums extrêmes, rendent cette réduction sans gravité.

Il est donc établi que, pendant les basses eaux, c'est-à-dire dans les moments les plus défavorables, il est toujours possible, sans léser aucun intérêt, de dériver par le canal le volume d'eau nécessaire ; en outre, les sécheresses les plus extraordinaires ne peuvent amener qu'une réduction insignifiante dans le travail produit.

Examinons ce qui se passe quand le niveau des eaux s'élève. L'épaisseur de la lame d'eau qui passe sur la crête des barrages augmente, en même temps qu'en amont le courant, nul en étiage, devient de plus en plus sensible : la pente prend par suite une valeur croissante. Cet effet se produit dans des proportions identiques en amont de chaque barrage : il en résulte que, tant que dure leur influence, la différence de hauteur entre les niveaux de l'eau à la crête de chacun d'eux reste constante et égale à celle qui existe en étiage.

Si donc un canal de dérivation prend son origine en amont du premier barrage, et a son embouchure à égale distance en amont du second, la chute restera la même, jusqu'à ce que l'eau d'aval vienne affleurer leur crête ; elle va ensuite en se rapprochant de plus en plus de celle qui existe dans l'état naturel.

Si, au contraire, l'embouchure est reportée à une grande distance en amont du second barrage, le gonflement produit par le courant vient diminuer la chute totale à mesure que monte le niveau du fleuve.

C'est cet effet qui se produit dans le cas qui nous occupe : l'embouchure du canal d'Asnières à Bezons étant à 9 kilomètres environ du barrage de Bougival, tandis que l'origine est à une faible distance de celui d'Asnières, la chute va constamment en diminuant jusqu'à devenir égale à la différence de niveau naturel entre les deux points considérés : il y a donc une décroissance à peu près régulière depuis $2^m 65$ jusqu'à $1^m 51$.

Le barrage de Bezons a toutefois pour effet de rendre cette diminution de pente moins rapide, mais il serait difficile de se rendre un compte exact de son influence : qu'il nous suffise de savoir que la chute ne descend jamais au-dessous de $1^m 51$ en passant, depuis $2^m 65$, par toutes les valeurs intermédiaires.

A mesure que la chute se réduit, il devient nécessaire d'augmenter le volume dérivé pour obtenir la même force motrice ; mais cet accroissement de volume ne présente aucune difficulté ni aucun inconvénient. A mesure que le niveau des eaux s'élève, le débit du fleuve croît rapidement ; à la cote $1^m 21$ au-dessus de l'étiage, il est déjà de 259 mètres cubes, et la réduction de chute est encore très-faible. On peut alors emprunter à la Seine un volume de 50, 60, 70 mètres cubes, quand la chute se réduit à $1^m 51$, puisque ce volume n'est qu'une faible fraction du volume total.

D'autre part, la section du canal augmente rapidement, à cause de l'inclinaison des talus ; on peut donc écouler un plus grand volume sans accroissement de pente, et même avec une pente plus faible qu'en étiage, car la section d'écoulement croît plus rapidement que le volume à écouler, et les résistances du lit vont en diminuant.

En résumé, au moyen du canal de dérivation que nous venons d'examiner, on peut créer une force motrice suffisante, dans les cas les plus défavorables, pour les besoins du service des eaux publiques.

Étude du projet dans la deuxième hypothèse. — Dans la deuxième hypothèse, le nouveau barrage serait établi en aval d'Asnières. Il serait possible de conserver exactement le tracé que nous venons de définir ; mais il serait préférable de le modifier, tant pour éviter les sujétions qui résultent de la traversée des chemins de fer que pour maintenir le canal dans des terrains d'une moindre élévation.

L'origine du canal serait donc reportée en aval d'Asnières, vers la pointe d'amont de l'île Vaillard, afin d'éviter les propriétés bâties. Partant de là, le canal serait creusé entièrement dans la plaine, sans autre sujétion que la traversée de deux ou trois routes et du chemin de fer d'Argenteuil ; il viendrait se confondre avec le premier tracé à une distance d'environ 3,500 mètres de son origine. Sa longueur serait à peu près la même, 5,880 mètres, et correspondrait à un développement en rivière de 14,700 mètres.

La chute créée varierait, depuis $2^m 53$, chute utile en étiage, jusqu'à $1^m 38$, qui resterait en hautes eaux, déduction faite de la pente du canal (planche 3).

Dans ces conditions, pour réaliser la force motrice nécessaire, le canal devrait permettre de dériver en basses eaux moins de 40 mètres cubes par seconde. En hautes eaux, le volume maximum à dériver serait d'environ 75 mètres cubes.

Ces chiffres ne diffèrent que très-peu de ceux que demanderait l'usine dans la première hypothèse, et ce que nous avons
dit suffit pour démontrer qu'ils ne sont pas moins admissibles.

Conditions réalisées par le canal au point de vue de
l'élévation des Eaux.

Chacun des deux tracés dont nous venons de déterminer les
principaux éléments présente donc une solution complète du
problème que nous nous sommes posé : c'est ce que l'on peut
voir d'une manière encore plus frappante en rapprochant ces
éléments des conditions imposées.

Ils satisfont à la condition essentielle de la permanence,
puisque la chute existe toujours, indépendamment des variations du fleuve, suffisante pour que le volume dérivé soit toujours notablement au-dessous de celui que l'on pourrait, sans
inconvénient, emprunter à la Seine.

En second lieu, nous n'avons compté que sur l'établissement d'ouvrages dont l'exécution est déjà projetée en vue de
la navigation, et qui, par suite, ne peuvent compromettre un
intérêt quelconque.

Le simple aperçu des travaux à exécuter démontre que la
condition d'un établissement économique sera également bien
remplie, et le devis que nous présenterons plus loin permettra
de s'en convaincre d'une manière plus précise.

Enfin nous avons la certitude que les basses eaux ne pro-
duiront jamais, même dans les années de sécheresse extrême,
de réduction sensible dans le travail moteur.

En hautes eaux, par une installation convenable des moteurs, le service se trouvera également à l'abri de toute interruption provenant des variations de niveau; il sera possible
d'établir des moteurs fonctionnant même dans les grandes

crues. Du reste, on s'exagérerait à tort l'importance de cette
condition de l'absence de chômage si l'on voulait s'astreindre
à marcher même dans les crues extrêmes. En effet, sur une
période de treize années, la durée moyenne des eaux supérieures à 6 mètres n'est que de douze heures, et en une pé_
riode de 126 ans, on n'a vu les eaux monter que 10 fois au-
dessus de cette cote. Il serait donc superflu de chercher à
astreindre les moteurs à la condition de fonctionner pendant
des crues comparables à celle de 1740. Ces crues sont de véri-
tables calamités publiques; les terrains bas sont inondés, le
fleuve reflue dans les égouts, et il ne viendra à l'idée de personne de regarder comme indispensable, dans un pareil moment, la marche régulière et normale d'un service d'eaux de
voirie. La durée de ces crues, toujours très-faible, n'excède
pas d'ailleurs la limite prévue dans l'établissement des réservoirs.

Prenons donc la cote de 6 mètres au-dessus de l'étiage pour
la limite supérieure à laquelle il est rationnel de faire fonctionner les moteurs. Leur établissement dans ces conditions ne
présente aucune difficulté, et il serait facile de trouver des
exemples analogues.

Comme nous n'avons d'autre but que de présenter ici une
étude d'avant-projet, nous n'examinerons pas les conditions
d'établissement des moteurs et appareils élévatoires; mais il
est évident qu'il ne peut surgir de là aucune difficulté. La
chute existe toujours, elle est presque constante, les moyens
de l'utiliser ne feront pas défaut.

En présence des variations considérables de niveau et de
volume, indépendamment desquels les moteurs doivent pouvoir fonctionner, on sera conduit à des appareils de grande
dimension; mais il n'y a pas à mettre en doute la possibilité
de leur exécution. On se trouvera conduit à une machinerie
puissante, soit; mais personne n'ignore quelle sécurité, quelle
régularité de marche, quelle certitude de rendement on peut

obtenir de moteurs hydrauliques une fois bien exécutés : avec ces engins puissants, d'une marche lente qui les met à l'abri de toute cause d'accidents, il n'y a pas à craindre les arrêts, les réparations que l'on reproche aux machines à vapeur élévatoires, à celles de Chaillot, par exemple, et que l'on redoute, à plus forte raison, en présence d'un travail plus considérable à produire.

Ajoutons que l'usine formée par l'ensemble de ces imposants appareils présentera, au plus haut degré, ce caractère de grandeur que l'on aime à trouver dans les œuvres d'une grande cité.

Si l'on ne peut y rencontrer tout le grandiose que comporte une dérivation lointaine par aqueducs, il est du moins possible de poursuivre la réalisation de la même pensée, dans un autre ordre d'idées, par l'application, grandiose aussi, des créations de l'art moderne.

Quels que soient les moyens qu'une étude plus approfondie conduise à employer, le but essentiel est désormais atteint : par l'une ou par l'autre des dérivations du fleuve, on arrivera à la création d'une usine hydraulique remplissant d'une manière complète et absolue les conditions imposées.

Le choix à faire de l'une d'elles ne peut avoir d'influence que sur le prix de revient du travail ; la chute créée, la force motrice est sensiblement la même dans les deux cas. Ce choix est intimement lié à la décision qui sera prise à cet égard pour le service de la navigation, et la Ville de Paris interviendrait à juste titre pour modifier, dans le sens le plus favorable à ses intérêts, les données du barrage à établir, soit comme position, soit comme hauteur.

Conséquences de l'établissement du Canal au point de vue industriel.

Jusqu'ici nous avons considéré le canal de dérivation au

point de vue de la création d'une usine hydraulique appropriée aux besoins du service public des eaux de Paris ; mais, à côté de ce but principal, qui sera atteint avec certitude, et dans des conditions faciles à prévoir à priori, l'ouverture de ce canal donnera lieu à des conséquences d'un autre ordre.

Pour peu que l'on examine avec attention l'un ou l'autre des tracés que nous avons décrits, on voit qu'ils traversent dans toute sa largeur une plaine jusqu'ici peu importante, et laissée presque tout entière à l'agriculture, mais qui, par le fait du percement du canal, doit recevoir une importance inattendue.

Établi sur le prolongement direct des nouveaux quartiers ouverts à Paris, ayant des dimensions qui le rendent navigable pour toute espèce de bateaux, bordé sur toute sa longueur par des terrains à bon marché, il offre aux industries qui viendraient se grouper sur ses bords les conditions les plus favorables pour leur développement et leur prospérité. Terrains à bas prix, communications faciles, proximité de Paris, tout fait pressentir que l'emplacement est parfaitement choisi pour y former un faubourg industriel de Paris, dont la création est devenue nécessaire par suite de l'extension des limites de la ville. Les conditions défavorables créées par cette mesure pour des industries nombreuses et diverses tendent à leur faire quitter l'enceinte de Paris : Saint-Denis, Saint-Ouen, Clichy-la-Garenne, Asnières, profitent déjà de ce mouvement qui tend à devenir de jour en jour plus prononcé, et cependant aucune de ces localités ne présente l'ensemble de circonstances avantageuses que réuniraient les rives du canal projeté.

Établi dans des conditions analogues à celles qui ont provoqué l'établissement du canal Saint-Denis, quoique dans un but différent, le canal d'Asnières à Bezons est appelé à produire des résultats semblables.

Qu'étaient la Villette et les quartiers si industriels situés sur les bords du canal Saint-Denis, avant que l'ouverture de cette voie de communication leur eût apporté un élément si essentiel de prospérité?

Au moment où un grand nombre d'industries tendent à se porter au dehors, le canal de dérivation vient leur offrir une direction rationnelle et avantageuse.

Au lieu de se disperser au hasard dans les plaines de l'aval de Paris, elles trouveraient sur les bords d'une voie navigable les conditions qu'elles recherchent, et qu'il serait difficile de trouver réunies dans toute autre direction.

Là, croyons-nous, est le centre futur du développement industriel de Paris, et cela parce que le mouvement s'opère de lui-même dans ce sens, et que c'est vers cette région que la Ville tend à prendre de l'accroissement : ce n'est pas une voie nouvelle à ouvrir, c'est un mouvement à régulariser, et à rendre plus facile et plus favorable à tous les intéressés.

Nous nous bornons, à cet égard, à ces quelques observations que nous présentons comme complément de notre but principal, bien que la question offre, à ce point de vue, un grand intérêt.

Résumé.

En dernière analyse, après avoir exploré complétement les bords de la Seine dans le voisinage de Paris, nous nous trouvons conduits à reconnaître que le canal de dérivation d'Asnières à Bezons remplit complétement les conditions imposées, et qu'il les réalise de la manière la plus heureuse.

Seul, il répond à tous les besoins actuels et prévus.

Il suffira, jusqu'à un avenir éloigné, pour fournir à Paris toute l'eau que demandent les services publics pour être complétés.

Si les prévisions venaient à être dépassées par un développement rapide des richesses et de la population de la capitale, on pourrait trouver dans le même ordre d'idées les moyens de faire face à de nouvelles exigences.

En amont de Paris, peut-être trouverait-on, par un canal entreVilleneuve-Saint-Georges et Port-à-l'Anglais, un complément possible, si la nature trop perméable des terrains traversés n'y mettait obstacle.

En aval, la dérivation de Bezons à Maisons pourrait, au contraire, créer avec certitude d'importantes ressources.

Évidemment plus coûteux que celui que nous adoptons, moins avantageux dans ses conséquences, plus éloigné de Paris, il peut néanmoins être regardé comme une réserve pour l'avenir.

Il abrégerait notablement la navigation de cette partie de la Seine ; ouvert dans un plateau calcaire, il permettrait de donner une activité nouvelle à l'exploitation des carrières. On trouverait ainsi une certaine compensation aux dépenses qu'entraînerait son établissement.

Le temps où un accroissement du volume des eaux nécessaires à l'alimentation de Paris deviendrait urgent est sans doute bien éloigné ; nous nous bornons donc à indiquer cette nouvelle source de force motrice qui se présenterait dans le même ordre d'idées, et donnerait satisfaction aux mêmes besoins.

CHAPITRE IV

Nous avons montré, dans le chapitre précédent, la possibilité d'approvisionner Paris d'eau de service dans des conditions satisfaisantes comme régularité, au moyen d'une force hydraulique obtenue par une simple dérivation de la Seine ; nous avons essayé de faire ressortir les avantages que peut offrir la réalisation de cette idée, tant pour le service hydraulique lui-même qu'au point de vue du développement industriel d'une des communes les mieux situées dans la banlieue de Paris. Il nous reste à examiner à quelles conditions financières peut s'obtenir un pareil résultat, quelle est la dépense probable pour l'ensemble du travail.

Nous n'aurons évidemment pas à tenir compte des dépenses nécessitées par la création du barrage d'Asnières, puisqu'à l'heure où nous sommes, cet ouvrage, reconnu utile à la navigation de la Seine, est déjà décidé en principe, et doit être exécuté sans le concours de la Ville de Paris.

Notre but principal étant de fournir de l'eau à la Ville, nous n'aurons pas non plus à tenir compte de certains travaux spéciaux, tels que bassins, écluses, etc., dont la création est indépendante de la question des eaux, et serait, dans tous les cas, payée plus que largement par la plus-value indubitable dont profiteraient les terrains avoisinants, le jour où le *Canal d'Asnières à Bezons* serait devenu une route navigable ou le centre d'un quartier industriel.

Les travaux nécessaires pour la création et l'utilisation rationnelle de la chute sont les seuls que nous devrons faire entrer ici en ligne de compte ; ils se décomposent en trois chapitres bien distincts :

1° Établissement du Canal.

D'après le tracé que nous avons trouvé le plus avantageux, le développement total de la dérivation serait de 5,900 mètres.

Des conditions spéciales, auxquelles on peut satisfaire sans accroissement sensible dans la dépense, nous ont conduits à donner au canal les dimensions suivantes :

Largeur au plafond......................... 20ᵐ 00
Hauteur jusqu'aux banquettes............... 8ᵐ 00
Largeur au niveau des banquettes........... 44ᵐ 00

Le nombre des ouvrages d'art est de cinq, nécessités par la rencontre des chemins suivants :

1° Le chemin de fer d'Argenteuil ;
2° La route n° 7 ;
3° La route n° 33 ;
4° Le chemin de Colombes à Gennevilliers ;
5° Le chemin de Colombes à Argenteuil.

Remarquons de suite que l'importance de ces ouvrages sera toujours très-limitée, puisqu'on a la facilité de réduire, en ces points, au nécessaire la largeur du canal.

Si à ces travaux nous ajoutons la construction, en un point favorable du parcours, d'un barrage simple destiné à déterminer la chute, nous aurons satisfait à tout ce qu'exige la simple création d'une chute en dérivation.

La dépense peut donc, pour cette première partie, s'évaluer comme il suit :

1° Terrassements.................... 2,500,000 fr.

2° Travaux d'art pour le passage sous les
    chemins........................ 350,000 fr.

3° Barrage dans le canal et accessoires.... 100,000 fr.

                    Total.............. 2,950,000 fr.

A quoi il faut ajouter :

4° Achat de terrains (45 hectares) (1).... 450,000 fr.

Total pour l'établissement du canal..... 3,400,000 fr.

Nous pouvons faire observer, dès à présent, que l'appropriation du canal aux besoins de la navigation et à ceux des industries riveraines ne nécessiterait pas de grandes dépenses ; deux bassins de garage, une écluse substituée au barrage fixe, un élargissement des banquettes aux points où il sera nécessaire de créer des quais de chargement, voilà les seuls travaux indispensables pour donner à l'œuvre entière une valeur industrielle et commerciale.

2° Usine et Appareils élévatoires.

Les conditions particulières dans lesquelles se trouve l'usine à créer sont extrêmement favorables à un établissement économique ; les parties les plus dispendieuses de ce genre de travaux, les fondations, coursiers, galeries de puisage, etc., peuvent, en effet, se faire presque à l'abri de l'eau, et être affranchies des sujétions qui accompagnent ordinairement les travaux en rivière.

---

(1) Nous ne croyons pas le chiffre de 1 fr. le mètre carré au-dessous de la vérité ; il suffit, pour le justifier, de rappeler que, sur presque tout son parcours, le canal ne traverse que des terrains livrés à l'agriculture, et quelquefois même presque incultes.

Quant aux moteurs en eux-mêmes et aux pompes qu'ils doivent mettre en mouvement, nous n'avons pas pensé qu'il fût à propos, dans l'étude d'avant-projet que nous présentons, de fixer leurs éléments pratiques, ni même d'insister sur les types les plus avantageux.

Les variations importantes de niveau et de volume que nous avons signalées peuvent faire croire, au premier abord, que l'on doit recourir soit aux turbines, soit à une double batterie de roues destinées à fonctionner séparément, et correspondant à des niveaux différents du fleuve ; mais en présence des volumes énormes à débiter, l'augmentation de diamètre à laquelle conduisent les variations de niveau n'offre plus rien d'anormal, et, tout compte fait, si l'on rapporte le prix à l'unité de travail, il arrivera ce qui arrive toujours quand on compare le prix de machines puissantes à celui de machines de faible importance, une différence à l'avantage des premières. Au reste, il sera facile de trouver une solution qui, satisfaisant aux conditions que crée une pareille chute, repose sur l'emploi d'une seule série de roues hydrauliques dans des conditions de rendement et de prix avantageuses ; tout se résume à une question d'échelle, question sans gravité avec les ressources de la mécanique moderne.

Dans l'évaluation qui va suivre, nous basons les chiffres sur des exemples analogues qu'il sera permis, d'après ce que nous avons remarqué plus haut, de regarder comme des maximums qui ne seront pas atteints.

Les dépenses de cette partie du travail peuvent se décomposer ainsi :

5° Aménagement de la chute, canal d'amenée et de fuite, etc........................... 100,000 fr.

6° Usine hydraulique, comprenant : chenaux, fondations, galeries, bâtiments, etc... 600,000 fr.

A reporter....... 700,000 fr.

Report.......... 700,000 fr.

7° Appareils élévatoires :

Roues hydrauliques, pompes, vannes, tuyaux d'aspiration, réservoirs d'air............. 1,200,000 fr.

Total pour l'usine et les appareils....... 1,900,000 fr.

3° Refoulement.

La position de l'usine et les conditions de l'élévation permettent de profiter des premières hauteurs favorables à l'établissement de réservoirs économiques destinés à l'emmagasinage des eaux de voirie.

En plaçant l'usine près de l'origine du canal, nous restreindrons au minimum les longueurs des conduites de refoulement, et nous pourrons facilement trouver sur les hauteurs de Montmartre, à moins de 4 kilomètres d'Asnières, des terrains à peu près libres pour y établir même les réserves des régions supérieures.

Dans de pareilles conditions, et en supposant, outre les 3 tuyaux distincts nécessaires pour le service des 3 régions, une conduite auxiliaire, en cas de dérangement, nous sommes conduits aux chiffres suivants :

8° Tuyaux de refoulement et galerie spéciale disposée pour les recevoir......................... 1,500,000 fr.

Réservoirs. — En ce qui concerne les réservoirs, nous nous trouvons, par la division de l'approvisionnement, dans des conditions incontestablement économiques.

La nature bien définie des besoins à satisfaire n'impose plus ici, comme dans le cas où toutes les eaux sont mélangées, des constructions coûteuses et des sujétions sans nombre ; rien ne s'oppose à ce qu'on obéisse à la loi de l'économie dès que la santé et la salubrité publiques ne sont plus en jeu.

En résumé, la dépense totale pour la création d'une force hydraulique élevant chaque jour, jusqu'aux réservoirs, 100,000 mètres cubes d'eau de service, peut être évaluée à :

1re *Partie*. — Établissement du canal......	3,400,000 fr.
2e *Partie*. — Usine et appareils élévatoires..	1,900,000 fr.
3e *Partie*. — Refoulement..............	1,500,000 fr.
Ensemble............	6,800,000 fr.
Somme à valoir..............	700,000 fr.
Total...............	7,500,000 fr.

On voit à *priori*, quelles que puissent être les objections faites aux chiffres de notre évaluation, quelle distance existe, à coup sûr, entre le prix d'établissement de cette usine située, pour ainsi dire, dans Paris, et les sommes que réclament les lointaines dérivations de sources. Chaque mètre cube fourni quotidiennement aux réservoirs demande ici une première dépense de 75 fr. ; les devis présentés pour les dérivations d'eau de source donnent, pour chaque mètre cube journalier, une dépense de premier établissement qui varie entre 400 et 500 fr.

Ce simple aperçu suffit pour permettre de juger de l'importance d'une séparation radicale entre le service public et le service privé.

Les frais d'une double canalisation, onéreux en face des énormes déboursés que demande l'ensemble du projet municipal, et différés, pour cette cause, jusqu'à une époque éloignée, seront plus que payés par l'économie qu'on réalisera, dès le premier pas, sur l'approvisionnement seul du service public.

Pour donner une idée plus complète des avantages économiques qu'entraîne la division des deux services, nous allons comparer les prix de revient, aux réservoirs, des différentes espèces d'eau.

Et d'abord, quel sera le prix des eaux de Seine élevées au

moyen d'une force hydraulique empruntée à une dérivation du fleuve ?

Nous tiendrons compte, pour l'établir, de trois sortes de frais annuels :

1° L'intérêt à 5 %, du capital dépensé pour l'ensenble de la création, ci.......................... 375,000 fr.

2° L'amortissement du capital dépensé pour la machinerie et les appareils, susceptibles de renouvellement, à 5 % du prix total, ci....... 60,000 fr.

3° L'entretien et les frais de personnel pour la surveillance du canal, de l'usine, des conduites de refoulement et de la machinerie, ci.... 75,000 fr.

Dépense annuelle............... 510,000 fr.

Cette dépense, répartie sur les 100,000 mètres cubes d'eau fournis quotidiennement, donne le prix de

$0^f, 014$ par mètre cube.

Remarquons qu'en admettant même un surcroît important, soit de la dépense de premier établissement, soit des prix annuels, on est porté à considérer le chiffre de *un centime et demi* comme un maximum qui ne sera sans doute pas atteint.

Le projet dont nous venons d'indiquer les principes peut donc offrir à la caisse municipale des avantages incontestables, même en comparant les prix auxquels il conduit, avec ceux des eaux de service dont dispose aujourd'hui Paris.

Le canal de l'Ourcq fournit des eaux dont le prix est plus que double, et le puits de Passy lui-même, dont on attendait de si incroyables résultats, aura de la peine à fournir à moins de $0^f, 02$ ses 7,000 mètres cubes par 24 heures, à la cote 75 mètres.

Examinons maintenant par quels avantages financiers se traduira annuellement une division des deux services hydrauliques établie sur les bases que nous avons développées.

Considérons d'abord les seuls services de la voirie.

En laissant de côté les eaux de l'Ourcq, étrangères à la transformation, de quelque manière qu'elle s'opère, nous avons à livrer chaque jour, dans Paris, 100,000 mètres cubes d'eau pour les services publics. Ce chiffre, nous l'avons vu, n'a rien d'exagéré ; il répond sans luxe aux besoins de la ville.

Il n'y a, pour obtenir cet approvisionnement, que trois partis possibles :

1° Conserver les 42,000 mètres cubes élevés, chaque jour, par la vapeur, tant à Chaillot que dans les petites usines de l'ancienne banlieue, et compléter le volume nécessaire par l'addition de 58,000 mètres cubes d'eau de dérivation; la dépense quotidienne qui en résulterait serait :

42,000 mètres cubes à 0^f,04 = 1,680 fr. $\Big\}$ 6,320 fr.
58,000 mètres cubes à 0^f,08 = 4,640 fr.

2° Renoncer aux 42,000 mètres cubes fournis par la vapeur, et alimenter la totalité des services publics en eau des sources ; la dépense quotidienne serait de :

100,000 mètres cubes à 0^f,08.......... 8,000 fr.

3° Accepter l'approvisionnement complet en eau de Seine élevée par l'usine hydraulique d'Asnières, ce qui réduit la dépense quotidienne à :

100,000 mètres cubes à 0^f,015........... 1,500 fr.

Le premier moyen, reposant sur la conservation des machineries complexes dont sont couvertes les rives de la Seine, est, à n'en pas douter, bien en dehors des vues de l'administration municipale; la vapeur est, nous l'avons vu, l'objet d'une opposition qu'il ne nous appartient point de discuter ici.

Quoi qu'il en soit, nous ferons remarquer que la dépense de 1,680 fr. par jour, à laquelle conduit la vapeur pour un volume de 42,000 mètres cubes, est déjà supérieure à celle que demanderait, pour monter les 100,000 mètres cubes aux altitudes utiles, la machinerie hydraulique dont nous avons indiqué l'ensemble. D'un autre côté, on ne peut pas taxer d'exagération le prix de 0',04 le mètre cube, que nous avons attribué à ces eaux, alors que les mémoires officiels s'efforcent de démontrer que les machines à vapeur les plus parfaites (et ce n'est pas le cas de celles qui existent) n'élèveront pas l'eau à moins de 5 ou 6 centimes le mètre.

Nous serons donc dans la vérité en évaluant à près de 5,000 fr. par jour (plus de 1,700,000 fr. par an) l'économie réalisée par une élévation hydraulique sur un système mixte, complétant par des eaux dérivées le volume que fournit aujourd'hui la vapeur.

La Ville de Paris, en perçant demain le canal d'Asnières à Bezons, et en éteignant le même jour les foyers de ses machines à vapeur, sources de tant d'alarmes, se trouvera donc sans secousses, sans accroissement de dépenses annuelles, en possession de toute l'eau qu'exige sa vaste surface.

Mais si l'on vient à adopter, pour les services publics, l'eau des dérivations, ce n'est plus 5,000 fr. qu'il faut ajouter chaque jour à ce que coûterait l'eau de l'usine d'Asnières, c'est 6,500 fr. par 24 heures, c'est plus de 2,300,000 francs par année.

Ainsi, dans l'un comme dans l'autre des cas où les eaux de source seraient appelées à jouer un rôle dans le service public, la dépense annuelle se traduirait par une charge pesant lourdement sur le budget; il faudrait renoncer à essayer de couvrir, par les bénéfices du service privé, un pareil déficit dans les services de voirie.

Une administration municipale ne doit certainement pas avoir pour but, en offrant des eaux aux habitants, de réaliser des bénéfices comme pourrait le désirer une compagnie industrielle; mais ce qu'elle peut rechercher, tout en maintenant les tarifs à des prix abordables pour tous, c'est l'équilibre entre les recettes et les dépenses, pour l'ensemble du service des eaux.

Quelle est, à l'heure où nous sommes, la situation de l'Administration des Eaux de Paris vis-à-vis du consommateur? Le prix de l'eau vendue est variable dans de très-larges limites; il dépasse 0f,60 par mètre cube pour les abonnements de 250 litres par jour en eau de Seine, mais décroît très-rapidement à mesure qu'augmente le volume demandé quotidiennement; le prix moyen semble être d'environ 0f,27 par mètre cube.

Si on le compare au prix de l'eau que fournit actuellement, à domicile, l'industrie privée, il apparaît assurément très-minime. Il est cependant, dans beaucoup de cas, considéré comme onéreux. Cela ne tient-il pas uniquement aux bases de nos tarifs d'abonnement, et ne peut-on prévoir que, le jour où un mode de jaugeage rationnel fera payer à chacun ce qu'il consomme, un pareil prix sera accepté avec reconnaissance par toute la population?

L'emploi des eaux de qualité inférieure destinées à la voirie, est du reste fort admissible pour quelques usages spéciaux, et les lavages pourront, dans beaucoup de cas, y trouver de sérieux avantages économiques.

L'équilibre entre les recettes et les dépenses des services hydrauliques de la ville, devra donc s'établir en comptant, d'une part, le bénéfice réalisé sur les 40,000 mètres cubes livrés à la consommation particulière, soit

$$40,000 \text{ mètres cubes} \times 0^f,15 = 6,000 \text{ fr.}$$

Et d'autre part le prix de revient des eaux nouvelles consacrées aux services publics, lequel, à raison de 0f,05 le mètre cube (0f,02 pour l'élévation, $+$ 0f,03 pour l'emmagasinage et la distribution), donne une dépense quotidienne de

$$100,000 \text{ mètres cubes} \times 0^f,05 = 5,000 \text{ fr.}$$

Il y aura donc, dès le principe, en adoptant l'élévation par moteurs hydrauliques, équilibre assuré entre les dépenses et les recettes.

En appliquant, au contraire, à tous les services, les eaux de dérivation, on se trouve, à moins d'élever outre mesure le prix de vente de l'eau, en présence d'un déficit permanent, sans pouvoir même prévoir le jour où le service des eaux de Paris pourra se suffire à lui-même.

Les avantages d'une division radicale entre les deux services nous semblent, aujourd'hui plus que jamais, d'une grande importance, et nous croyons ce principe plus en accord avec les ressources de Paris que l'ensemble onéreux dont on a un instant rêvé la réalisation.

Nous ne croyons même pas utile de répondre à l'objection d'insuffisance qui sera faite, sans aucun doute, à ce chiffre de 40,000 mètres cubes auquel nous supposons limité, pour le moment, l'approvisionnement du service privé.

Par ce qui précède, nous avons suffisamment démontré que, sans se jeter de suite dans d'effrayants déboursés, on pouvait en peu de temps, et presque sûrement, arriver à couvrir par les recettes du service privé les dépenses des services publics.

Le jour où ces 40,000 mètres seront insuffisants, on pourra, sans danger, dériver d'autres sources ; chaque mètre cube vendu vaudra un supplément de bénéfice, et l'on pourra alors abaisser graduellement, à mesure que croîtra le volume consommé, le prix de l'unité.

Nous savons que plusieurs des chiffres sur lesquels nous nous sommes appuyés n'ont, dans leurs détails, rien d'officiel ; mais n'ayant eu pour but que d'indiquer un principe et un moyen qui n'ont pas encore été discutés, nous ne pouvons que regretter que l'insuffisance des documents spéciaux ne nous ait pas permis de pousser cette intéressante étude jusque dans ses détails.

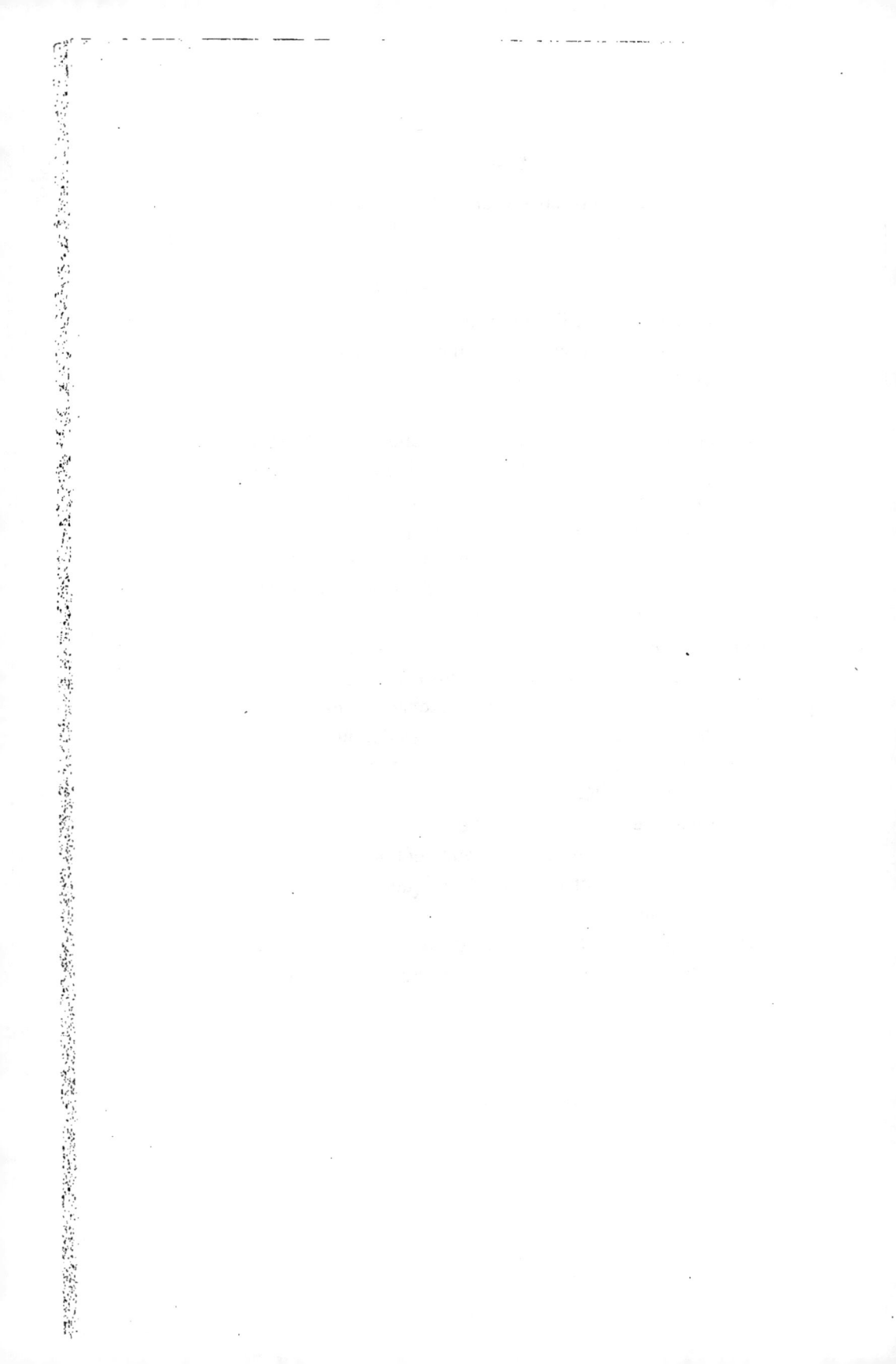

CHAPITRE V

RÉSUMÉ ET CONCLUSION

Nous avons cherché, dans les chapitres qui précèdent, à montrer sous son vrai jour la question des Eaux de Paris.

— L'exposé de la situation actuelle suffit, sans discussion, pour établir l'insuffisance de nos ressources.

— L'appréciation des diverses natures de besoins auxquels il faut satisfaire et de leur importance respective, indique clairement de quels côtés doivent se porter les recherches.

Il n'y a, comme énoncé du problème à résoudre, aucun doute, aucune controverse possibles :

Il faut des eaux de table excellentes, à tout prix ; mais il n'en faut que ce que réclame la consommation.

Il faut des eaux de voirie abondantes sur toute la surface de Paris, mais il les faut à bas prix.

En résumant les principaux projets présentés jusqu'ici pour satisfaire aux besoins de la ville, nous avons reconnu quelles difficultés surgissent dès que l'on veut demander à un unique moyen une complète solution.

Par la position même de Paris au centre d'une région calcaire, la qualité de l'eau est incompatible avec son bas prix, et si, à force d'élargir peu à peu le cercle des recherches, on

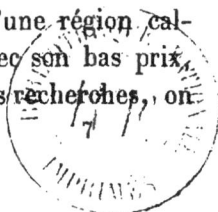

a pu arriver enfin à nous trouver de bonnes eaux potables, on a dû, par là même, agrandir le travail que demande leur dérivation, on s'est trouvé forcé d'accroître le prix de revient.

Quand on a jeté les yeux sur ces remarquables pages où M. le Préfet a retracé les besoins et les privations des classes laborieuses, quand on a vu avec quelle énergique persévérance on a recherché des eaux qui fussent toujours aussi pures et aussi fraîches pour le pauvre que pour le riche, on ne peut qu'applaudir à la généreuse pensée qui a dirigé ces recherches, on ne peut qu'admirer les précieux résultats des savantes études qu'elles ont provoquées. Dans tous les quartiers, à tous les étages, on aura des eaux toujours saines, toujours claires, toujours fraîches.

Le problème des eaux de consommation est résolu, et, quoi qu'il en coûte, le résultat n'est pas disproportionné avec la dépense qu'il impose.

Devra-t-on, après ce premier succès, demander au même moyen l'indispensable complément de nos services publics? Devra-t-on, persévérant dans la même voie, dériver des eaux de sources pour laver nos rues, comme pour alimenter nos tables?

Qu'on jette un coup d'œil sur les évaluations des dépenses, qu'on les compare avec les besoins à satisfaire, et l'on se trouve vite amené à reconnaître l'impossibilité d'un ensemble si uniforme.

Cette pureté, cette fraîcheur sont ici un luxe inutile; ce prix élevé ne peut se justifier. Voudrait-on, avec l'eau de la Dhuis, assainir les hauts quartiers, ou ne doit-elle pas, avant, s'épandre dans tout Paris, pour fournir à la consommation? Voudrait-on hâter la dérivation de la Somme-Soude pour laver les nouvelles communes, ou ne doit-on pas réserver cette eau précieuse pour le service privé, et attendre, pour s'imposer une si énorme dépense, qu'on trouve l'emploi de ces eaux pour des besoins en harmonie avec leur prix?

Il suffit de donner aux quartiers hauts, aux nouvelles communes, ce que l'Ourcq fournit à l'ancienne ville ; il faut, sur la nouvelle surface comme sur l'ancienne, séparer les deux distributions, isoler les deux approvisionnements. Partout les dérivations de sources alimenteront la consommation ; en aucun point on ne gaspillera , sans raison , un produit trop coûteux.

Chacun jouira des bienfaits d'une distribution sagement répartie, sans être obligé de payer au même prix que l'eau qu'il boit, celle qu'on verse dans les ruisseaux.

C'est ce principe de la division des deux services qui a servi de base à notre étude, et nous croyons avoir suffisamment démontré qu'aucun moyen ne peut satisfaire à la fois aux besoins privés en même temps qu'aux exigences de la voirie.

D'un autre côté, la question des eaux potables a été trop complétement étudiée dans ces derniers temps pour qu'on puisse la soulever de nouveau, et discuter encore un moyen apprécié par les commissions spéciales, et désormais accepté par notre Administration municipale.

Il ne reste plus à étudier que le problème des eaux de voirie; il ne reste plus qu'à compléter les services publics, et à grouper, dans un vaste ensemble, et les ressources de l'ancien Paris, et l'approvisionnement que réclament les nouveaux arrondissements.

En examinant l'organisation actuelle des Eaux de Paris, en la comparant avec celle qu'on a projetée pour un prochain avenir, on voit facilement par quels côtés communs elles se rattachent l'une à l'autre.

Les eaux de l'Ourcq et celles de la Seine, aujourd'hui uniques ressources de la Ville de Paris, seraient désormais bannies des services de consommation, et reléguées aux services publics. On veut subvenir aux besoins privés par les eaux nouvelles exclusivement.

La partie basse et la partie moyenne du vieux Paris auraient ainsi, pour leur voirie, les 108,000 mètres cubes de l'Ourcq et des anciennes sources, accrues de 25 ou 30,000 mètres cubes d'eau de Seine ; et les communes récemment ajoutées disposeraient de 10 à 12,000 mètres cubes d'eau de Seine.

L'insuffisance de ce dernier approvisionnement et les moyens précaires employés pour l'obtenir, sont des causes assez impérieuses pour réclamer un remaniement immédiat. On ne peut compléter le service par les eaux coûteuses des dérivations projetées ; le fait est démontré. Il faut donc naturellement, pour cette partie de l'alimentation, revenir à l'eau de Seine, puisque, du reste, on accepte sans reproche, pour l'avenir même, les eaux fournies par Chaillot et par les autres usines à vapeur.

Les eaux de dérivation une fois affectées spécialement aux besoins privés, et franchement écartées des services où la qualité est d'une moindre importance, il reste à trouver le moyen le plus économique et le plus avantageux d'amener chaque jour dans nos réservoirs toute l'eau nécessaire à la voirie ; c'est là le but que nous nous sommes proposé dans la troisième partie de ce mémoire.

Le prix déjà élevé auquel conduit, à l'heure où nous sommes, une élévation à vapeur, les fâcheux précédents des installations actuelles de notre ville, et surtout le danger d'une organisation dont rien ne peut garantir les dépenses à venir, puisqu'elle repose elle-même sur le prix trop variable d'un combustible chaque jour plus recherché ; tous ces arguments sont autant de raisons pour chercher ailleurs que dans la vapeur la base de l'alimentation de Paris.

C'est donc à une force hydraulique qu'il faut avoir recours, mais il la faut fixe et invariable ; il la faut non-seulement suffisante, en tout temps pour fournir les 60 ou 70,000 mètres cubes, complément de nos services publics actuels, mais bien plutôt capable d'élever toujours un assez grand volume d'eau, pour permettre de supprimer toutes ces usines à vapeur dispersées sur les bords de la Seine.

Or toute force hydraulique obtenue par la création, en rivière, d'une chute sous barrage, est inacceptable si l'on impose la condition d'une régularité absolue. Il faut donc recourir à un autre moyen pour obtenir la force dont on a besoin.

En étudiant le cours de la Seine depuis l'amont jusqu'à l'aval de Paris, nous avons vu que parmi les moyens qui s'offrent d'abord à l'esprit, il en est un surtout dont on peut espérer les résultats les plus complétement satisfaisants.

— Considérée comme création de chute, la dérivation d'Asnières à Bezons ne trouble en rien le régime actuel de la Seine; elle profite d'ouvrages établis ou reconnus indispensables depuis longtemps; elle laisse au fleuve toute l'eau dont a besoin la navigation, et ne constitue jamais, quelle que soit la hauteur de la Seine, un danger ni une gêne pour les riverains.

Comme force motrice, elle offre toutes les garanties de régularité et de sûreté, puisqu'elle ne fait que profiter, en hautes eaux, d'une chute naturelle, et qu'en étiage même, elle n'emprunte qu'une partie du volume de la rivière; elle peut offrir, en tout temps, toute l'eau utile à nos services publics, à un prix minime.

Comme position, elle place aux portes de Paris, en dedans de la zone fortifiée, la vaste usine à laquelle la voirie demandera les eaux dont elle a besoin.

— Considérée comme percement de canal, la dérivation d'Asnières à Bezons ouvre, à quelques minutes de Paris, dans le prolongement des quartiers nouveaux, au milieu de terrains abandonnés à la culture, une immense voie; elle appelle sur ses rives les industries de Paris chassées des bords de nos canaux du nord; elle leur présente des transports faciles, de l'eau en abondance, tous les avantages enfin que vont rechercher nos industriels sur les bords de la Seine, à Asnières, à Saint-Ouen, à Saint-Denis, à Argenteuil; elle offre, sur une longueur de plus de 5,000 mètres, de vastes terrains à des prix inespérés; elle est destinée à devenir le port avancé de notre capitale pour le trafic de la basse Seine et du Havre.

Les avantages financiers qu'elle nous offre ne sont pas moindres, à coup sûr : des eaux de qualité suffisante élevées au prix de *un centime et demi* le mètre cube ; une dépense annuelle qui n'excédera pas, pour une alimentation de 100,000 mètres cubes, ce que coûtent aujourd'hui les 40,000 mètres que fournissent ensemble nos usines à vapeur.

Il y a à la fois sûreté et économie dans l'application de ce moyen.

Que le canal et l'usine soient faits par la Ville de Paris, et nos vingt arrondissements auront bien vite, sans que le budget en souffre, toute l'eau nécessaire à leurs services publics.

Qu'on laisse à une compagnie les charges de l'exécution, elle donnera chaque jour 100,000 mètres cubes d'eau à la voirie de Paris, au prix des 6 ou 700,000 fr. que coûtent aujourd'hui nos usines à vapeur, et verra décupler, en quelques années, la valeur des vastes terrains que son œuvre aura ouverts à l'industrie.

Enfin, à côté des considérations qui prouvent l'utilité de l'œuvre, on peut montrer qu'elle n'est pas dépourvue de grandeur ; l'importance des effets à produire conduira à une machinerie puissante, digne d'entrer en comparaison avec les constructions monumentales auxquelles donneront lieu les dérivations de sources lointaines.

A côté d'imposants aqueducs, rappelant les travaux des grands peuples passés, on verra les œuvres, grandioses aussi, que permet de réaliser l'art moderne ; deux moyens distincts comme les résultats cherchés, concourant au même but : le développement du bien-être et de la splendeur de la moderne Capitale du monde.

TABLE

———◆———

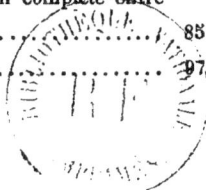

Paris. — Typ. Morris et Comp., rue Amelot, 64.

TRACÉ DU CANAL D'ASNIÈRES A BEZONS.

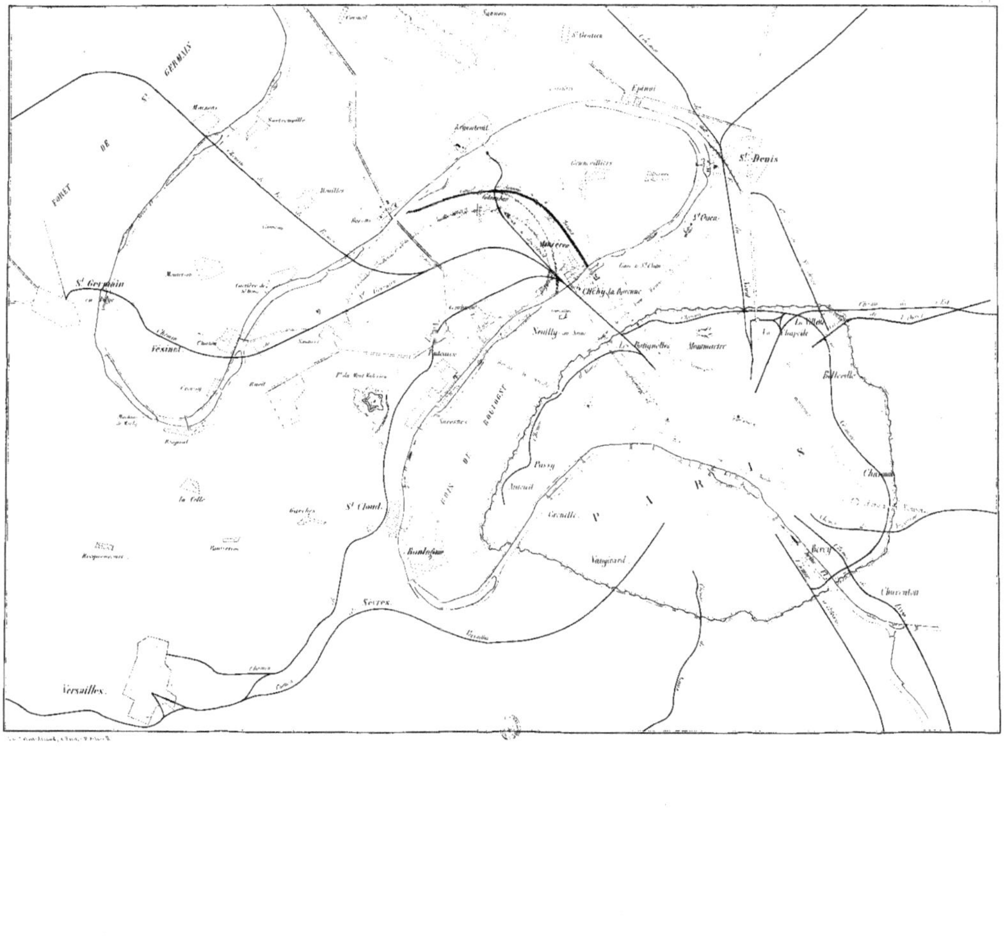

PONT BASCULANT À BEZONS.

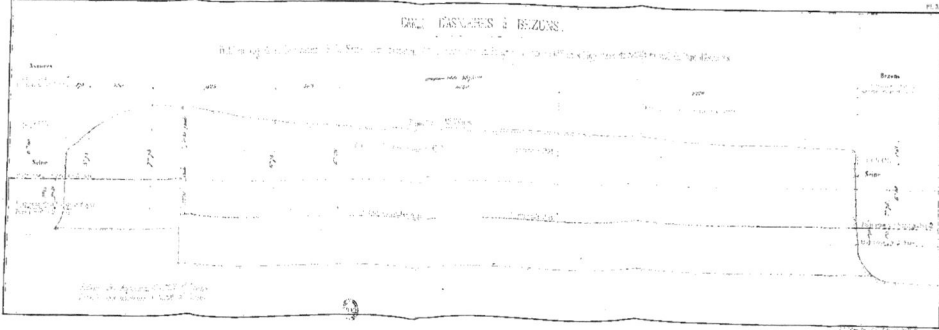

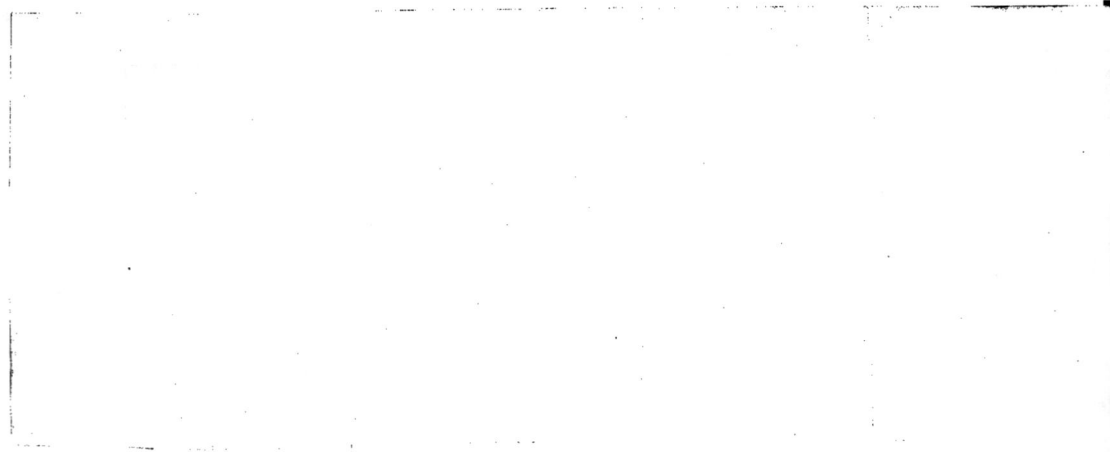

www.ingramcontent.com/pod-product-compliance
Lightning Source LLC
Chambersburg PA
CBHW071450200326
41519CB00019B/5691